化学百科全书

冯化平

— 编著 —

U0198440

上海科学技术文献出版社
Shanghai Scientific and Technological Literature Press

图书在版编目（CIP）数据

化学百科全书 / 冯化平编著 . — 上海：上海科学
技术文献出版社，2024.
—ISBN 978-7-5439-9154-5

Ⅰ. O6-49

中国国家版本馆 CIP 数据核字第 2024QW8309 号

责任编辑：王　珺　黄婉清
封面设计：留白文化

化学百科全书
HUAXUE BAIKEQUANSHU
冯化平　编著
出版发行：上海科学技术文献出版社
地　　址：上海市淮海中路 1329 号 4 楼
邮政编码：200031
经　　销：全国新华书店
印　　刷：四川省南方印务有限公司
开　　本：850mm×1168mm　1/16
印　　张：15
字　　数：300 000
版　　次：2025 年 1 月第 1 版　2025 年 1 月第 1 次印刷
书　　号：ISBN 978-7-5439-9154-5
定　　价：98.00 元
http://www.sstlp.com

前言 *Preface*

那还是在我童年的时候，常常看见奶奶把一颗颗圆溜溜的鸭蛋，放进一小包生石灰和草木灰里，再加上几小勺白碱、食盐、茶叶等，然后就全部包好收藏着。

过不了多久，剥开鸭蛋壳，鸭蛋变得黝黑光亮，晶莹透明，里面还长出许多像松花一样的花纹。闻一闻，一股特殊香味扑鼻而来；尝一尝，鲜滑爽口，余香满口。

奶奶说这叫松花蛋。鸭蛋怎么变成了味道、颜色、气味都很不一样的松花蛋呢？奶奶也说不清楚为什么。我感到非常好奇，决心长大了一定要弄懂这个问题。

后来，我才知道原来是鸭蛋发生了一系列化学反应，才变成美丽的松花蛋，这还要经历一些肉眼不可见的复杂过程呢！可见，化学真是一位高超的魔术师，随时都能给出神奇的变化啊！

化学是一门充满神奇色彩的科学，主要通过探索原子、分子的特征和行为，让我们认识物质的性质、结构与变化规律等，从而创造新物质。它是自然科学的一种，作为沟通微观与宏观物质世界的重要桥梁，是我们认识和改造物质世界的主要方法之一。

化学是一门以实验为基础的基础科学。我们人类从开始用火的原始社会，到能够使用各种人造物质的现代社会，都在一直享用着化学成果。俄国著名化学家门捷列夫创立化学元素周期表后，极大地促进了化学发展。如今人们称化学为"中心科学"，因为它已经成为部分科学的核心，如材料科学、纳米科技、生物化学等。

当今世界处于科学技术爆发和变革的时期，谁掌握了面向未来的科学，谁就能够在未来国际竞争中处于主动地位。少年儿童是国家的未来，科学的希望，担当着科技兴国和中华复兴的历史重任。科技教育作为一项重要的工作，要从小学起，打牢根基，才能在未来的科技发展中做出自己的贡献。

化学不仅能够促进高新技术的发展，也能为解决环境问题、能源问题等提供更多有效方法。化学还与社会发展、人民生活质量提高具有密切的关系。可以说，化学对于我们的生活非常重要。

学习化学要从基础开始，而实验则是学习化学、体验化学的重要途径。其实，我们日常生活中就有许多化学现象，因此学习化学不能仅限于书本和实验室，而是应该多实践，要多注意周围的化学现象，学会认识化学，运用化学，走进化学世界。

在有关专家指导下，综合了国内外的最新研究成果，我们特别编辑了本书。主要包括物质组成及分类、非金属及其化合物、金属及其化合物、烃类化合物、烃的衍生物等内容，具有很强的知识性、基础性和前沿性，非常适合广大少年儿童读者阅读。

本书内容深入浅出，通俗易懂，图文并茂，形象生动，更有专栏设置、版块呈现、知识链接、碎片阅读，是指导广大少年儿童读者学习化学的良师益友，也是指导父母、教师对少年儿童进行化学学习兴趣培养的优秀读本。

目录 Contents

烃类化合物

烃的衍生物

物质组成及分类

　　至今为止，人们发现和组成的物质有3000多万种，人类社会也是建立在各种物质基础之上的。那么物质到底是怎样组成和分类的，又是怎样发展和变化的呢？

分子和原子

你一定知道，将一杯水分成两部分，每一部分仍然是水。那么将水一直分下去，它又会是什么样子呢？它会变成一个水分子。如果继续将它分下去，又会变成什么呢？我们一起来探究这个结果吧！

分子的概念

分子是由原子按照一定键合顺序和空间排列而结合在一起的整体，这种键合顺序和空间排列关系就被称为分子结构。由于分子内部原子间的相互作用，分子的物理性质和化学性质不仅取决于组成原子的种类和数目，还取决于分子的结构。

分子是物质中能够独立存在的相对稳定的最小单元，并且可以保持该物质的物理性质和化学性质。分子由原子构成，原子通过一定作用力，并以一定次序和排列方式结合成分子。

此外，也有部分物质是直接由原子构成的，比如二氧化硅晶体。

分子的特性

分子之间具有一定间隔。比如将50毫升的水和50毫升的果汁相互混合，体积一般小于100毫升。分子很小，一般分子直径的数量级为10^{-10}m，但是它有一定体积和质量。同种物质的分子性质是相同的，不同种物质的分子性质是不同的。

分子的无规则运动

　　所有构成物质的分子，都是在做永不停息的无规则运动。温度越是高的时候，分子扩散速度就越快。当物质呈现固体、液体、气态三种不同状态时，气体状态的分子扩散速度最快。通常分子的运动和温度有关，因此，这种运动又被称为分子的热运动。

> 　　一看我的名字，你就知道我有多么特别，我不是那种高富帅，只是分子量很高呢！

高分子的概念

　　高分子又称为高分子聚合物，它一般是由分子量很大的长链分子组成，其分子量从几千到几十万甚至几百万。每个分子链，都是由共价键联合数量极多的一种或者多种小分子组合而成。

高分子的组成

　　一个大分子往往是由非常多简单的结构单元通过共价键重复键接而成。能够合成聚合物的原料称为单体，由一种单体聚合而成的聚合物称为均聚物，由两种以上单体共聚而成的聚合物则称为共聚物。

高分子的分类

　　根据分子不同分类标准，可以把高分子分为不同类别：按照来源，分为天然高分子、天然高分子衍生物、合成高分子三大类；按照用途，分为合成树脂和塑料、合成橡胶、合成纤维等；按照工业产量和价格，分为通用高分子、中间高分子、工程塑料，以及特种高分子等。

高分子的特点

　　高分子比较突出的特点是分子量非常高，因此聚合物特有的性能为高分子量、高弹性、高黏度、结晶度低、无气态。这同样让高分子材料具有高强度、高韧性、高弹性等特点。

分子的运动

分子能够以气态、液态或者固态的形式存在。它除了能够平移运动之外，还存在着分子的转动和分子内原子的各种类型振动。固态分子内部的振动和转动的幅度，比气体和液体中分子的振动和转动幅度要小很多。

虽然有时候我在地球上的寿命很短，转眼间就消失了，但是我能在宇宙中一直飘啊飘，见证它的变化呢！

分子的寿命

处于基态的分子在光、热、电等形式能量作用下，有可能改变结构，形成受激态分子。受激态分子存在时间一般都很短，有的寿命只有微秒数量级甚至更短，因此又被称为准分子。还有一些分子在地球上非常不稳定，但是能够在星际空间中稳定存在。

同分异构体

在有机化学中，一般将分子式相同、结构不同的化合物互称为同分异构体，也称为结构异构体。将具有相同分子式而具有不同结构的现象称为同分异构现象。

同分异构体的特点

同分异构体的特点是分子量完全相同，各个原子间的化学键通常也是相同的。但是原子的排列却并不是相同的，也就是说分子的结构、物理性质和化学性质也不相同。

原子的概念

原子是指化学反应不可再分的基本微粒，原子在化学反应中不可分割，但是在物理状态中可以分割。原子由原子核和绕核运动的电子组成。原子构成一般物质的最小单位称为元素。

正原子和负原子

　　一个正原子包含有一个紧密的原子核以及很多围绕在原子核周围带负电的电子，正原子的原子核由带正电的质子和不带电的中子组成。负原子的原子核带负电，周围的负电子带正电。负原子原子核中的反质子带负电，从而使负原子的原子核带负电。

原子的性质

　　原子的质量非常小，并且不断地做无规则运动。原子和分子一样，中间存在间隔。同种原子的性质基本相同，不同种原子性质并不相同。

　　我的模样到底是像葡萄干嵌入布丁，还是像行星围绕太阳呢？快来看一看吧！

原子的模型

　　在原子发展的过程中出现了很多原子模型，其中比较重要的有道尔顿的原子模型，汤姆森的葡萄干布丁模型以及卢瑟福的行星模型，玻尔的原子模型等。

道尔顿的原子模型

英国科学家道尔顿提出了世界上第一个原子的理论模型。他认为原子是不能再分的粒子，同种元素原子的多种性质和质量都一样，原子是微小的实心球体。

葡萄干布丁模型

汤姆森在原子中发现了电子的存在，于是就提出了新的原子结构模型。他的观点是原子呈现圆球状，充斥着正电荷，带负电荷的电子就像是一粒粒葡萄干嵌入其中。这就是汤姆森的葡萄干布丁模型，又称为枣糕模型。

行星模型

　　行星模型是由卢瑟福提出的，他通过实验进行推断，认为原子大部分体积都是空的，并且原子中心有一个体积很小、密度极大的原子核，原子的全部正电荷都位于原子核内，并且几乎全部质量都集中在原子核内部，带负电的电子在核空间进行高速的绕核运动，就像是行星围绕太阳一样。

玻尔的原子模型

　　尼尔斯·玻尔以卢瑟福模型为基础，提出电子在核外的量子化轨道，认为电子在一些特定的可能轨道上绕核做圆周运动，离原子核越远能量就会越高，解决了原子结构的稳定性问题，描绘出完整且有说服力的原子结构学说。

相对原子质量

　　相对原子质量就是以一个碳–12原子质量的1/12作为标准，任何一个原子的真实质量跟一个碳–12原子质量的1/12的比值，就称为该原子的相对原子质量。

虽然我的名字是原子团，但实际上我是分子的一部分，可别记错了哦！

原子团

原子团是指作为一个整体在化学反应里参加反应的原子基团。原子团是分子中的一部分，一般在三种或者三种以上元素组成的化合物中，常常含有某种原子团。

根或基团

带电的原子团又被称为根或基团，如氢氧根OH^-、硝酸根NO_3^-、碳酸根CO_3^{2-}、硫酸根SO_4^{2-}、氯酸根ClO_3^-、磷酸根PO_4^{3-}、碳酸氢根HCO_3^-、铵根NH_4^+等。

原子团的特性反应

原子团不能独立存在，它只是化合物的一个组成部分。每个原子团都有自己的特性反应，比如CO_3^{2-}遇到酸会变成CO_2，SO_4^{2-}遇到Ba^{2+}会生成不溶于稀硝酸的白色沉淀等。我们可以利用这些特异反应来检验根的存在。

原子团的注意事项

需要注意的是，原子团不是在任何化学反应中都保持不变。在一些化学反应中，原子团会发生变化。原子团常常被称为"根"或者"根离子"，书写原子团符号的时候一定要注明它所带的电荷，不要误将它当成化学式。

阅读大视野

1913年7月、9月、11月，经过卢瑟福的推荐，《哲学杂志》接连刊载了玻尔的三篇论文，这标志着玻尔模型的正式提出，后这三篇论文也成为物理学史上的经典，被称为玻尔模型的"三部曲"。

离子

离子是指原子或者原子基团失去或者得到一个或者几个电子而形成的带电荷粒子。带电荷粒子又根据得失电子分为阴离子和阳离子。

离子的概念

在化学反应中，金属元素原子失去最外层电子，非金属原子得到电子，从而使参加反应的原子或者原子团带上电荷。带电荷的原子叫作离子，带正电荷的原子叫作阳离子，带负电荷的原子叫作阴离子。

离子符号

离子符号是指在元素符号右上角表示出离子所带正电荷数和负电荷数的符号。比如钠原子失去一个电子后就成为带一个单位正电荷的钠离子，通常用"Na^+"表示，铜原子失去两个电子后就成为带两个单位正电荷的铜离子，通常用"Cu^{2+}"表示。

阳离子的概念

阳离子又称为正离子，一般是指失去外层的电子以达到相对稳定结构的离子形式，阳离子大多数都是金属离子。常见的阳离子有：Na^+、K^+、NH_4^+、Mg^{2+}、Ca^{2+}、Ba^{2+}、Al^{3+}、Fe^{2+}、Fe^{3+}、Zn^{2+}、Cu^{2+}、Ag^+等。

当我自由观赏世界的时候，如果遇到能力很强的阳离子就会"咻"地一下子被吸走，和它一起变成新物质哦！

阴离子的概念

阴离子是指原子由于外界作用得到一个或者几个电子，使其最外层电子数达到稳定结构的离子形式。原子半径越小的原子得电子的能力越强，金属性也越弱。常见的阴离子有 Cl^-、F^-、H^-、O^{2-}、S^{2-}等。

离子化合物

　　离子化合物是指由阴离子和阳离子以离子键组成的化合物，比如我们比较熟悉的可溶于水的酸、碱、盐。它们在水中溶解同时发生电离的时候，处于离子状态的比例和处于分子状态的比例有时候会达到动态平衡，通常将其称为离子平衡。

离子键

离子键是由于电子转移而形成的。通常是指正离子和负离子之间由于静电引力所形成的化学键。离子键的作用力强，没有饱和性，也没有方向性。由离子键形成的矿物大部分都是以离子晶体的形式存在。

$$OH \rightarrow CH_3 \longrightarrow OH \rightarrow OH$$

$$CH_3$$

$$OH \rightarrow CH_3 \longrightarrow OH \longrightarrow OH$$

$$CH_3$$

阅读大视野

1887年，28岁的阿仑尼乌斯就已经在前人研究的基础上提出了电离理论。但是他的导师著名科学家塔伦教授并不赞同这个观点，而且非常严厉地表达了对此的不满，导致很多年之后电离学说才得到公众认可，而阿仑尼乌斯也因此荣获1903年诺贝尔化学奖。

元素

元素是具有相同的核电荷数（核内质子数）的一类原子的总称。

元素的概念

化学元素是指自然界中一百多种基本的金属物质和非金属物质。它们只由一种原子组成，轻易不能使之分解，组合之后能够构成物质。常见的元素有氢、碳、氮、氧等。

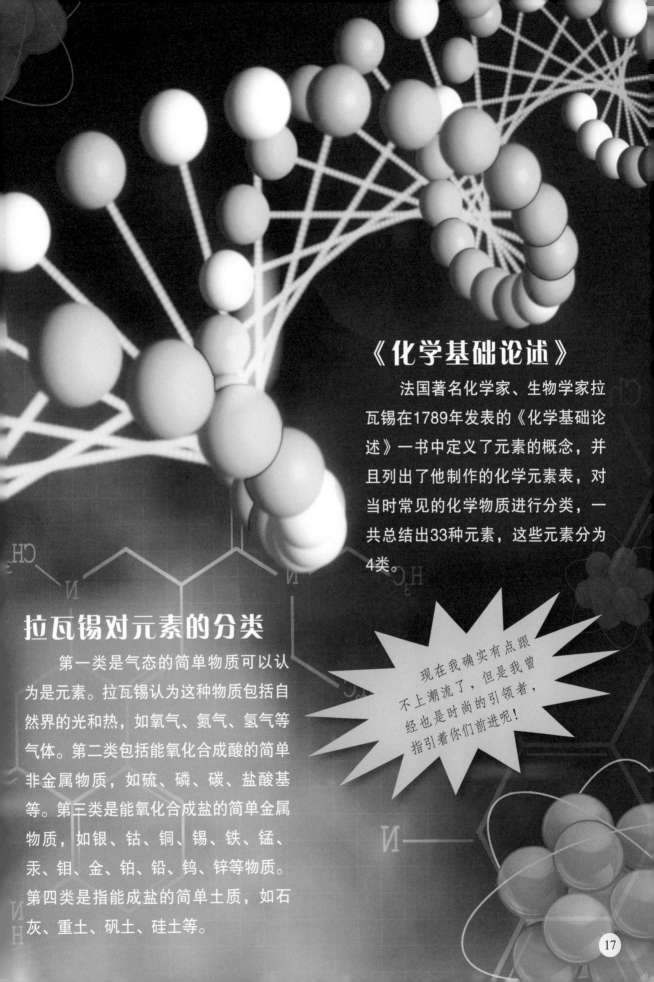

《化学基础论述》

法国著名化学家、生物学家拉瓦锡在1789年发表的《化学基础论述》一书中定义了元素的概念，并且列出了他制作的化学元素表，对当时常见的化学物质进行分类，一共总结出33种元素，这些元素分为4类。

拉瓦锡对元素的分类

第一类是气态的简单物质可以认为是元素。拉瓦锡认为这种物质包括自然界的光和热，如氧气、氮气、氢气等气体。第二类包括能氧化合成酸的简单非金属物质，如硫、磷、碳、盐酸基等。第三类是能氧化合成盐的简单金属物质，如银、钴、铜、锡、铁、锰、汞、钼、金、铂、铅、钨、锌等物质。第四类是指能成盐的简单土质，如石灰、重土、矾土、硅土等。

现在我确实有点跟不上潮流了，但是我曾经也是时尚的引领者，指引着你们前进呢！

元素之间的差别

19世纪后半叶，门捷列夫在建立化学元素周期系的一段时间内，明确指出元素的基本属性是原子量。他认为元素之间最主要的差别是和不同的原子量有关。

核素的概念

核素是指具有一定数目质子和一定数目中子的一种原子。很多元素具有质子数相同而中子数不同的几种原子。比如氢有1H、2H、3H这3种原子，也就是3种核素。

单核素元素和多核素元素

核素有单核素元素和多核素元素之分。通常将自然界只有一种核素存在的元素称为单核素元素，比如铍、氟、铝、钠等20种元素。将具有多种核素的元素称为多核素元素，比如氢、氧等元素。

核素图

化学元素周期表不能表达核素的内容，于是人们就制作了核素图来表达核素概念。在核素图中，核素一般都是按照原子序数和质量数递增顺序进行排列，更加注重描绘原子核的性质，是人们探索核素周期性图表形式的初步尝试。

同位素的概念

同位素是指质子数相同、中子数不同同一元素的不同核素。比如氢有三种同位素，分别是的氕（H）、氘（D）、氚（T），碳有多种同位素，如^{12}C、^{13}C和^{14}C等。

同位素差异

同位素的化学性质几乎相同，只是原子质量或者质量数存在差别，因此它们的质谱性质、放射性转变和物理性质也有所差异。经常用在元素符号左上角注明质量数的方法表示同位素。

天然同位素和人工同位素

在自然界中天然存在的同位素称为天然同位素，人工合成的同位素称为人造同位素。世界上第一个人工合成的同位素是第43号元素锝。

你们的潜力真大啊！总能制造出更多更有用处的我，我一定不会辜负你们的期望哦！

Tc

放射性同位素

一些同位素的原子核能够自发地发射出粒子或者射线，释放出一定的能量，同时质子数或者中子数发生变化，然后转变成另一种元素的原子核。元素的这种特性叫作放射性，这样的过程叫作放射性衰变，这些元素叫作放射性元素。

同位素的意义

同位素的发现使人们对原子结构有了更加清晰的认识，不仅使元素概念有了新的含义，而且使相对原子质量的基准发生重大变革，再次证明决定元素化学性质的是质子数。

同位素的用途

很多同位素在生活中都有非常重要的作用，比如C-12是作为确定原子量标准的原子。两种H原子可以用作制造氢弹的材料。同位素示踪法也常常应用在科学研究、工农业生产和医疗技术等方面。

阅读大视野

元素思想的起源很早，古巴比伦人和古埃及人曾经把水、空气和土，认为是世界的主要组成元素，并由此形成了三元素说。古印度人有四大种学说，古代中国人有五行学说。比较广为人知的是亚里士多德提出的四元素说。

化学元素周期表

化学元素周期表是化学的核心，它是元素周期律用表格表达的具体形式，反映了元素原子内部结构规律。

化学元素周期表的概念

化学元素周期表是根据核电荷数从小至大排序的化学元素列表。列表大体呈现长方形，某些元素周期中间留有空格，通常将特性相近的元素归在同一族中，如碱金属元素、碱土金属、卤族元素、过渡元素等。

化学周期表中的元素分有七主族、七副族、Ⅷ族和0族。周期表能够准确地预测各种元素的特性，在化学和其他科学范畴中广泛应用，在分析化学行为起到了重要作用。

> 我们最常使用的周期表就是以维尔纳式为代表的长式周期表哦！

元素周期表的类型

俄国化学家门捷列夫于1869年总结发表第一代元素周期表，之后不断有人提出各种类型的周期表，约有170余种，归纳起来主要有：短式表、长式表、特长表，平面螺线表和圆形表，立体周期表等众多类型周期表。

化学元素周期表排列规律

在元素周期表中，通常将元素按照相对原子质量由小到大的方式进行排列，每一种元素都有一个序号，大小正好等于该元素原子的核内质子数，这个序号称为原子序数。

元素周期表的周期

元素周期表中一共有7个周期，16个族和4个区。周期表中同一横列元素构成一个周期，同周期元素原子的电子层数等于该周期的序数。

化学元素周期表

元素周期表的族

元素周期表中同一纵行的元素称为族，它们的化学性质非常相似。族是原子内部外电子层构型的反映。同主族元素从上到下原子序数逐渐增大，电子层数逐渐增多，原子半径逐渐增大。

元素周期表的s区元素

周期表中的第1列和第2列称为s区元素，也就是第1主族和第2主族元素，它们位于元素周期表的左侧，化学性质十分简单，最重要的性质是它们氧化物和氢氧化物的碱性。

s区元素特点

s区元素一个非常重要的特点就是各族元素通常只有一种稳定的氧化态。s区元素的单质大部分都是最活泼的金属，它们都能与多数非金属元素发生反应。

如果你能把我的分类方式记住的话，就能推断出我的性质，那么任何元素都没办法难倒你啦！

元素周期表的p区元素

周期表中的第13列至第18列，也就是ⅢA至ⅦA和0族，共6族、31种元素属于p区元素。p区元素原子半径在同一族中，自上而下逐渐增大，元素的非金属性逐渐减弱，金属性逐渐增强。它们最重要的性质是氧化还原性和酸碱性。

元素周期表的d区元素

d区元素是指周期表中第3至12列，也就是ⅢB至ⅦB，Ⅷ，ⅠB至ⅡB元素，不包括镧系和锕系元素。d区元素都是金属元素，偶尔也被称为过渡元素。它们具有熔点高、导热导电性能好、硬度和密度大等特点。

元素周期表的f区元素

f区元素由镧系元素和锕系元素组成，共30种元素，位于元素周期表下方，其中15种镧系元素以及ⅢB族的钪（Sc）、钇（Y）共计17种元素又被称为稀土元素。

阅读大视野

化学元素的化合价众多，很难记清楚，因此人们总结出了背诵化合价的口诀，内容如下：一价氯氢钾钠银，二价氧钙钡镁锌，三铝四硅五价磷。二三铁，二四碳，二四六硫要记全。铜汞二价最常见，单质为零永不变。

混合物

　　混合物是由两种或者多种物质混合而成的物质。混合物没有固定的化学式，没有固定组成和性质，组成混合物的各种成分之间没有发生化学反应，仍然保持原来的性质。

混合物分类

　　根据不同的形态，混合物可以分为液体混合物、固体混合物和气体混合物，其中液体混合物又可以细分为浊液、溶液和胶体。按照是否均匀分布，可以将混合物分为均匀混合物和非均匀混合物。

混合物的分离

　　我们熟知的均匀混合物有空气、溶液，非均匀混合物有泥浆等。我们有多种方法能够使混合物分离，常用的包括过滤、蒸馏、分馏、萃取、重结晶等。

浊液

　　分散质的粒度大于100纳米的分散系叫作浊液。浊液通常是不溶性固体颗粒或者不溶性小液滴分散到液体中形成的混合物，分为悬浊液和乳浊液，浊液不均匀，也不稳定。

悄悄告诉你一个小秘密，我们使用的修正液其实就是悬浊液哦！

悬浊液

　　悬浊液是指大于100纳米的固体小颗粒悬浮于液体里形成的混合物。悬浊液不透明、不均匀、不稳定，不能透过滤纸，静置后会出现分层。

乳浊液

乳浊液是指由两种不相溶液体所组成的分散系，即一种液体以小液滴的形式，分散在另外一种液体之中形成的混合物，通常由水和油组成。

如果乳浊液中的油分散在水中，称为水包油型乳浊液，如牛奶和某些农药制剂等。如果是水分散在油中，称为油包水型乳浊液，如石油、原油和人造黄油等。

乳化剂

乳化剂能够使乳浊液变得更加稳定。它的作用是让机械分散所得的液滴不能相互凝聚。许多乳化剂是表面活性物质，比如蛋白质、树胶、肥皂或者人工合成的表面物质等。

溶液

溶液是指两种或者两种以上物质混合形成均匀稳定的分散体。溶液可以是液态，也可以是气态和固态。比如空气是一种气体溶液，合金是一种固体溶液混合物，也称为固溶体。

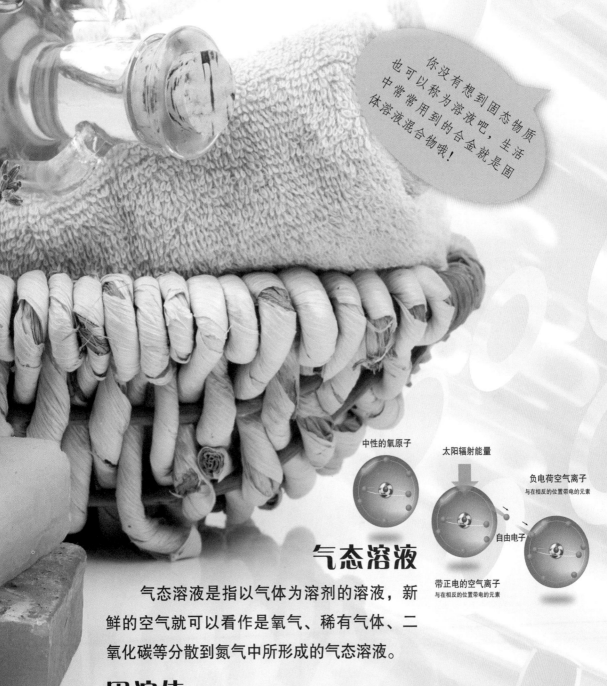

你没有想到固态物质也可以称为溶液吧，生活中常常用到的合金就是固体溶液混合物哦！

中性的氧原子

太阳辐射能量

负电荷空气离子
与在相反的位置带电的元素

自由电子

带正电的空气离子
与在相反的位置带电的元素

气态溶液

气态溶液是指以气体为溶剂的溶液，新鲜的空气就可以看作是氧气、稀有气体、二氧化碳等分散到氮气中所形成的气态溶液。

固溶体

固溶体是指溶质原子溶入溶剂晶格中，仍然能够保持溶剂类型的合金相。生活中比较常见的有铝合金、金银合金、黄铜等。

胶体

　　胶体又称为胶状分散体，它是一种比较均匀的混合物，在胶体中含有两种不同状态的物质，一种是分散相，另外一种是连续相。胶体不一定是胶状物，也不一定是液体。

气溶胶

　　气溶胶是指悬浮在气体介质中的固态或者液态颗粒所组成的气态分散系统。这些固态或者液态颗粒的密度与气体介质的密度可以相差微小，也可以相差很大。

就算我大到自己的极限，你也不能只凭借双眼就观察到我哦！

气溶胶颗粒大小

　　气溶胶颗粒大小通常在0.01至10微米之间，但由于来源和形成原因范围很大，例如花粉等植物气溶胶的粒径为5至100微米，木材及烟草燃烧产生的气溶胶粒径为0.01至1000微米等。

气溶胶形状

气溶胶颗粒的形状多种多样，可以是近乎球形，诸如液态雾珠，也可以是片状、针状和其他不规则形状。天空中的云、雾、尘埃，采矿过程、采石场采掘与石料加工过程和粮食加工时所形成的固体粉尘等都属于气溶胶。

气溶胶性质

气溶胶是以固体或者液体为分散质和气体为分散介质所形成的溶胶。它具有胶体性质，比如对光线有散射作用、电泳、布朗运动等特性。大气中的固体和液体微粒常常会进行布朗运动，不会因为重力而沉降，能够在大气中悬浮数月、数年之久。

比表面和表面能

气溶胶质点有非常大的比表面和表面能，能够让一些在普通情况下比较缓慢的化学反应进行得非常迅速，甚至可以引起爆炸，比如磨细的糖、淀粉和煤等。

气溶胶的表面结构

气溶胶颗粒物的表面结构非常复杂，有的较为光滑，但是大部分颗粒表面粗糙。因此，颗粒的表面可以作为颗粒与大气发生化学反应或者催化氧化反应的场所。

气溶胶的化学组成

由于粒子的来源和成因不同，气溶胶的化学组成有很大区别，不同来源的颗粒物，组成相差很大。一般来自地表层或者由海水溅沫生成的大颗粒往往含有大量的Fe、Al、Si、Mg、Ti和Ca等元素。

> 我可是风云人物，只要挥一挥衣袖，就能让大气乖乖听我的话哦！

气溶胶的影响

气溶胶粒子具有分布不均、变化尺度小、比较复杂等特点，一般集中在大气底层，对云凝结核、雨滴、冰晶形成以及降水的形成都十分重要。气溶胶甚至能够改变云的存在时间，在云表面产生化学反应，决定降雨量多少，影响大气成分等。

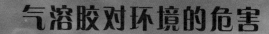

气溶胶对环境的危害

造成大气污染的空气气溶胶有烟雾、硫酸雾及光化学烟雾等。这些微粒物主要来源于工业生产，加工过程中各种锅炉或者炉灶排出的烟尘、汽车排出的污染物及由它转化成的二次污染物也是微粒物的来源。

气溶胶的浓度

当气溶胶的浓度足够高的时候，就会对人类健康造成威胁，哮喘病人及其他有呼吸道疾病人群更容易受到影响。空气中的气溶胶还能够传播真菌和病毒，增加疾病流行和爆发的可能性。

气溶胶的工业应用

气溶胶可以加快燃烧速率，使燃料充分燃烧。喷雾干燥可以提高产品质量，已经广泛用于医药工业与洗衣粉的生产。气溶胶灭火技术成为哈龙灭火产品的代替物之一，是应用在工业、民用建筑物消防领域的利器。

气溶胶的农业应用

气溶胶应用在农药喷洒的时候，能够帮助提高药效、减少药品的消耗。还可以利用气溶胶进行人工降雨，能够大大改善旱情。

气溶胶的国防应用

大气中的各类气体分子和气溶胶粒子会吸收和散射激光，影响激光在大气中的能量分布，会导致定向激光传输的作用距离缩短，激光能量降低，严重时甚至会造成打击失效，可以用来制造信号弹和遮蔽烟幕。

我在战场上能够帮你迷惑敌人的视线，打他们一个措手不及呢！

微生物气溶胶

微生物气溶胶是一种特殊的气溶胶，是由悬浮于空气中的微生物所形成的胶体体系，包括病毒、细菌、真菌以及它们的副产物。

微生物气溶胶的危害性

微生物气溶胶可以像细颗粒物一样，进入人体呼吸系统，在呼吸道甚至肺部阻留或者沉降，它的生物活性使它对人类具有非常大的威胁。

液溶胶

液溶胶简称溶胶，是一种以液体、固体或者气体为分散质和液体为分散剂所形成的溶胶。以液体为分散质的通常称为乳胶，以固体为分散质的通常称为悬胶，以气体为分散质的就是由气体分散在液体中所形成的泡沫。

丁达尔效应

当一束光线透过胶体，从垂直入射光的方向可以观察到胶体里出现的一条光亮"通路"，这种现象叫作丁达尔效应，也被称为丁达尔现象或者丁泽尔效应。

清晨，你会发现茂密树林的枝叶间有一道道光柱穿过，那些光柱其实就是我哦！

固溶胶

固溶胶是以固体作为分散介质的分散体系，它的分散相可以是气相、液相或者固相。气固分散体系一般被称为固体泡沫，液固分散体系通常被称为固体乳状液，固固分散体系最为普遍，常见的有珍珠、泡沫塑料、合金、有色玻璃和烟水晶等。

阅读大视野

我们常见的云隙光，实际上就是丁达尔效应，主要依靠雾气或者大气中灰尘形成的。当太阳照射下来投射在上面的时候，就会看到光线非常清晰的线条，加上太阳是大面积的光线，因此投射下来的是一整片。它通常情况下是红色或者黄色的，因为日出和日落时光线通过大气层的次数，比正午太阳光线通过大气层的次数要超过40倍。

纯净物

从宏观上看，纯净物是由一种成分组成的物质，从微观上说由同种微粒构成的物质就是纯净物。但是在现实的宇宙中，纯净物只是一种理想的状态。

纯净物概念

纯净物是指由一种单质或者一种化合物组成的物质，它的组成固定，是有固定物理性质和化学性质的物质。它也有专门的化学符号，能用一个化学式表示，包括化合物和单质。

化合物概念

化合物是由两种或者两种以上不同元素组成的纯净物。化合物具有一定的特性，既不同于它所含的元素或者离子，也不同于其他化合物，组成化合物的不同原子大部分都是以一定比例存在的。

化合物的分类

　　通常情况下将化合物分为无机化合物和有机化合物两部分。无机化合物是指不含碳氢的化合物，比如二氧化锰、高锰酸钾、氢氧化钠等。有机化合物是指含碳酸化合物以外的化合物，比如甲烷、乙烯等。

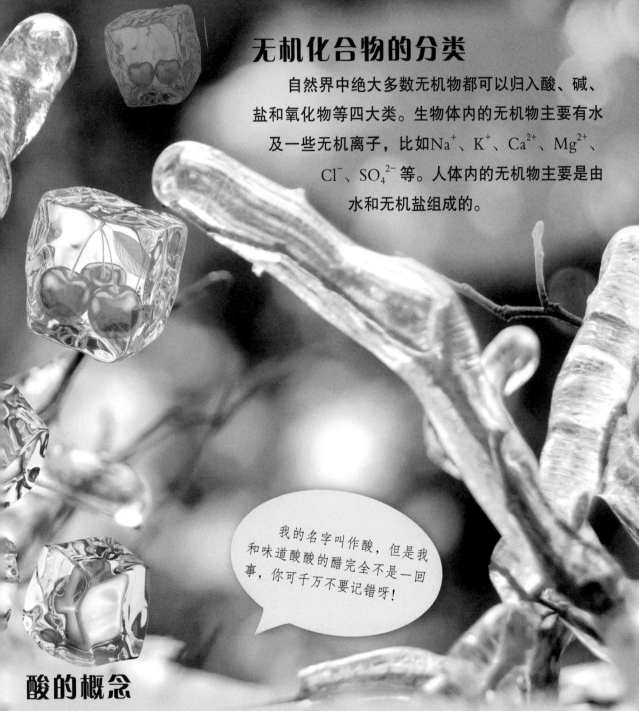

无机化合物的分类

　　自然界中绝大多数无机物都可以归入酸、碱、盐和氧化物等四大类。生物体内的无机物主要有水及一些无机离子，比如Na^+、K^+、Ca^{2+}、Mg^{2+}、Cl^-、SO_4^{2-}等。人体内的无机物主要是由水和无机盐组成的。

　　我的名字叫作酸，但是我和味道酸酸的醋完全不是一回事，你可千万不要记错呀！

酸的概念

　　酸是一类化合物的统称。它在化学中的狭义定义是在水溶液中电离出的阳离子全部都是氢离子的化合物。而它的广义定义是能够接受电子对的物质。

酸的性质

大部分酸易溶于水，少部分酸如硅酸，难溶于水。酸的水溶液一般都能够导电，导电性质与它在水中的电离度有一定的联系。部分酸在水中以分子的形式存在，不导电。部分酸在水中分离为正负离子,可以导电。

酸的强弱

按照酸在水溶液中电离程度的不同，可以将酸分为强酸和弱酸。通常情况下，强酸在水溶液中能够完全电离，常见的如盐酸、硝酸。而弱酸在水溶液中只有部分能够电离，比如乙酸、碳酸。

常用的强酸和弱酸

我们生活中常用的强酸有高氯酸、硫酸、氢溴酸、盐酸、硝酸等。常用的弱酸有碳酸、柠檬酸、甲酸、乳酸、乙酸、氢硫酸、次氯酸等。有人认为碳酸是中强酸的一种，中强酸一般是介于强酸和弱酸之间的酸，包括草酸、亚硫酸、亚硝酸等。

酸的分类

根据不同的分类标准，可以将酸分成不同的类别。根据有机无机，可以将酸分为有机酸和无机酸。根据是否含氧，可以分为含氧酸和无氧酸。根据中心原子是否得失电子，可以将酸分为强氧化性酸和非强氧化性酸等。

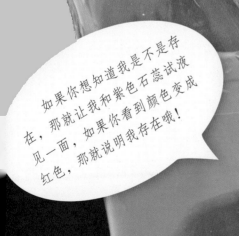

如果你想知道我是不是存在，那就让我和紫色石蕊试液见一面，如果你看到颜色变成红色，那就说明我存在哦！

酸的通性

酸与酸碱指示剂会发生反应。紫色石蕊试液遇酸会变成红色，无色酚酞试液遇酸不变色。酸跟活泼金属，也就是金属活动性顺序表中比氢强的金属会发生置换反应。

酸与碱性氧化物发生反应通常会生成盐和水，与某些盐反应会生成新酸和盐。酸与碱会发生中和反应，也就是酸和碱互相交换成分生成盐和水的反应。

盐酸的性质

盐酸是氯化氢的水溶液，属于一元无机强酸。它是无色透明液体，具有强烈刺鼻气味，还有较高的腐蚀性，常常用来溶解赤铁矿、辉锑矿、碳酸盐、软锰矿等样品。

浓盐酸的性质

浓盐酸具有很强的挥发性。通常情况下，盛有浓盐酸的容器打开后，氯化氢气体会挥发，与空气中的水蒸气结合生成盐酸小液滴，瓶口上方会出现酸雾。盐酸还是胃酸的主要成分，能够帮助促进食物消化、抵挡微生物感染。

硝酸的性质

硝酸的化学式为HNO_3，属于一元无机强酸。它是六大无机强酸之一，具有很强的氧化性和腐蚀性，它的水溶液又称为硝镪水或者氨氮水。

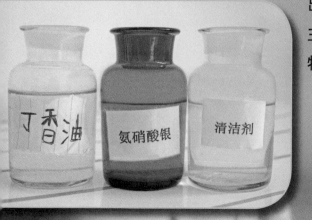

丁香油　氨硝酸银　清洁剂

42

浓硝酸的性质

浓硝酸不稳定，遇到光或者热就会分解放出二氧化氮，分解产生的二氧化氮溶于硝酸，因此外观带有浅黄色。一般市面上的普通试剂级硝酸浓度约为68%左右，工业级浓硝酸浓度为98%，发烟硝酸浓度大概也是98%。

我的浓度太高的时候，气体会忍不住跑到空气中，好像一阵阵烟雾，所以我叫作发烟硝酸哦！

纯硝酸和浓硝酸

纯硝酸是无色透明的液体。浓硝酸是淡黄色的液体，有窒息性刺激气味。浓硝酸容易挥发，在空气中会生成白雾，也就是浓硝酸分解出来的二氧化氮与水蒸气结合生成的硝酸小液滴。

我像变色龙一样可以从无色变成淡黄色，不过我比较笨，不能自己变回去哦！

硝酸的应用

硝酸的用处有很多，它在工业上可以用于制化肥、农药、炸药、染料、盐类等。在有机化学中，浓硝酸与浓硫酸的混合液是重要的硝化试剂。它还能够使铁钝化避免被腐蚀。

硒酸的性质

硒酸的化学式为H_2SeO_4，是一种白色六方柱晶体，非常容易吸潮，易溶于水，不溶于氨水，溶于硫酸。它是一种氧化性非常强的酸，能够使一些有机物碳化。硒酸有剧毒，容易对环境造成危害。

高氯酸的性质

高氯酸是一种无机化合物，化学式为$HClO_4$。它是氯最高价氧化物的水化物，也是六大无机强酸之首。高氯酸是无色透明的发烟液体，可以助燃，具有非常强的腐蚀性和刺激性，甚至能够导致人体灼伤。

高氯酸的应用

　　高氯酸在人们日常生活中有广泛的运用，它在电镀工业、电影胶片、人造金刚石工业、电抛光工业和医药工业都有应用。可以用作强氧化剂，也可以用来生产烟花和炸药，它也是制造金属高氯酸盐的原料。

我们酸的腐蚀性都非常强，就连金属都害怕，所以你轻易不要碰我哦！

氢溴酸

氢溴酸是溴化氢的水溶液，化学式为HBr，通常情况下是一种无色透明至淡黄色发烟液体。它具有刺激性酸味，而且有很强的腐蚀性，能够和除铂、金、钽以外的所有金属反应生成金属溴化物。

碱的概念

在酸碱电离理论中，碱指在水溶液中电离出的阴离子全部都是OH⁻的化合物。在酸碱质子理论中碱指能够接受质子的化合物。在酸碱电子理论中，碱指电子给予体。

碱的性质

碱溶液能够与酸性指示剂反应，当它遇到紫色石蕊试液会变蓝，虽然现象并不十分明显，但是确实有变化。遇到无色酚酞溶液会明显变红。

碱能够与非金属单质发生反应，还能够与酸或者酸性氧化物发生反应，生成盐和水。碱溶液还能够与盐反应生成新碱和新盐。

氢氧化锂的性质

氢氧化锂是一种无机物，化学式为LiOH，是一种白色单斜细小结晶，有辣味，具有强碱性。在空气中能够吸收二氧化碳和水分，可溶于水，微溶于乙醇，不溶于乙醚。

希望我能开阔你的眼界，让你知道大千世界中我们这些小兵小将的作用啊！

氢氧化锂的应用

氢氧化锂可以用来做二氧化碳的吸收剂，也能够用在潜艇里帮助净化空气。氢氧化锂有时会用作碱性蓄电池电解质的添加剂，能够帮助增加12%至15%的电池容量，提高2至3倍电池的使用寿命。它在冶金、石油、玻璃、陶瓷等工业也有广泛应用。

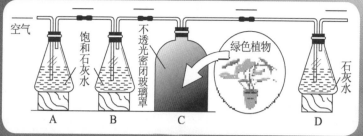

图示：空气 — 饱和石灰水 A — 不透光密闭玻璃罩 B — C — 绿色植物 — 石灰水 D

氢氧化钙的化学性质

氢氧化钙是一种强碱，具有杀菌与防腐作用，会对皮肤和织物造成伤害。如果吸入氢氧化钙粉尘，对呼吸道有非常强的刺激性，还可能引起肺炎。眼睛接触也会有强烈刺激性，甚至会导致灼伤。

氢氧化钙的物理性质

氢氧化钙是一种无机化合物，化学式为 $Ca(OH)_2$，俗称熟石灰或者消石灰。它在常温下是一种细腻的白色粉末，微溶于水，其澄清的水溶液俗称澄清石灰水，乳状悬浮液被称为石灰乳或者石灰浆。

冬天天气寒冷，人们常常在树木根部以上涂80厘米我做成的石灰浆防裂防冻，帮助保护树木，让它过一个美好的冬天呢！

氢氧化钙的应用

氢氧化钙是碱性物质，因此能够用于降低土壤的酸性，帮助改良土壤结构。农药中的波尔多液正是利用石灰乳和硫酸铜水溶液按照一定比例配制而出的。

氢氧化钙是生产碳酸钙的原料，它还能用在橡胶和石油化工添加剂中，防止结焦、中和防腐等，也能用于制取漂白粉、漂粉精、消毒剂、缓冲剂等。制糖工业生产中，还会利用氢氧化钙中和糖浆中的酸，帮助减少糖的酸味。

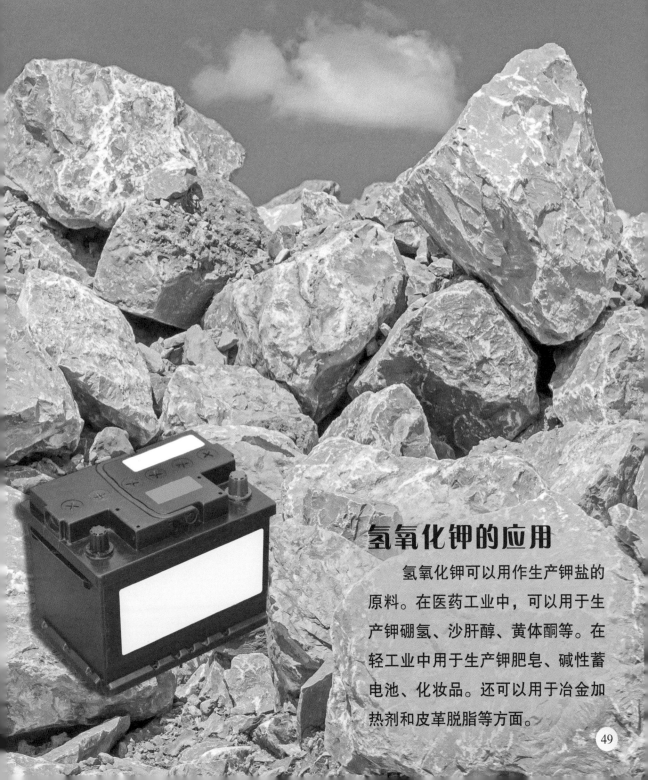

氢氧化钾

　　氢氧化钾是一种常见的无机碱，化学式为KOH，常温下呈现为白色粉末或者片状固体。它易溶于水，溶解的时候会放出大量热，溶于乙醇，微溶于乙醚。氢氧化钾非常容易吸收空气中的水分而潮解，吸收二氧化碳成为碳酸钾。

氢氧化钾的应用

　　氢氧化钾可以用作生产钾盐的原料。在医药工业中，可以用于生产钾硼氢、沙肝醇、黄体酮等。在轻工业中用于生产钾肥皂、碱性蓄电池、化妆品。还可以用于冶金加热剂和皮革脱脂等方面。

氨水

氨水又称为阿摩尼亚水，化学式为$NH_3 \cdot H_2O$，它是无色透明且具有刺激性气味的液体。工业氨水是含氨25%至28%的水溶液，氨水中只有一小部分氨分子与水反应形成一水合氨。

> 别看我柔柔弱弱的，我的杀伤力很强，所以你千万不要招惹我哦！

氨水的性质

氨水容易挥发出氨气，并且氨气的挥发率会随着温度的升高、放置时间的延长以及浓度的增大而增加。氨水有一定的腐蚀作用，碳化氨水的腐蚀性更加严重。氨水对铜的腐蚀比较强，对水泥腐蚀不大，对木材也有一定的腐蚀作用。

氨水的实验室用途

氨水在实验室里面是十分重要的试剂，常常用作分析试剂、中和剂、生物碱浸出剂、铝盐合成和弱碱性溶剂等。它能够在铝盐合成和某些元素的检验测定中发挥作用，帮助沉淀出各种元素的氢氧化物。

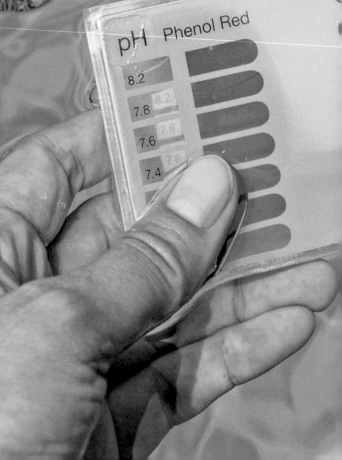

氨水的其他用途

医药上常常用稀氨水在呼吸和循环方面起到反射性刺激作用，医治晕倒和昏厥。有时候也会用作皮肤刺激药和消毒药。在农业上经稀释后，可以用作化肥。

我的名字和食盐只差了一个字，但是我们完全不同，它只是我这个大家族中小小的一员哦！

盐的概念

盐在化学中是指一类金属离子或者铵根离子（NH^{4+}）与酸根离子通过离子键结合而成的化合物，当它溶于水的时候会解离出所有的离子，比如硫酸钙、氯化铜、醋酸钠等。

盐的分类

盐分为单盐和合盐。单盐分为正盐、酸式盐和碱式盐，合盐分为复盐和络盐。其中酸式盐除了含有金属离子和酸根离子之外，还含有氢离子。碱式盐除了含有金属离子与酸根离子之外，还含有氢氧根离子。

复盐

复盐是由两种金属离子（或者铵根离子）和一种酸根离子构成的盐，常见的有明矾、铁钾矾等。复盐溶于水的时候，能够生成与原盐相同离子的合盐。

络盐

络盐又称为错盐，是指含有络离子的盐，通常由两种不同的盐结合而成。它的溶液中只有一种阴离子，也只有一种阳离子，而且阴离子或者阳离子是以络合物的形式存在，比如 $[Ag(NH_3)_2]Cl$、$[Fe(SCN)]Cl_2$ 等。

盐

明矾

盐的物理性质

　　盐的颜色可以是纯洁透明的、不透明的或者是带有金属光泽的。一般认为盐表面的透明或者不透明只和构成该盐的单晶体有关。当光线照射到盐上时，就会被晶体反射回来，大的晶体会呈现透明状，多晶体聚集在一起看起来更像白色粉末。

盐的气味

　　强酸或者强碱盐不能挥发，而且没有气味。但是弱酸或者弱碱盐会有不同的气味，比如醋酸盐会带有醋酸的味道，氰化氢有一种苦杏仁味等。

碳酸钙

碳酸钙俗称灰石、石灰石、石粉、大理石等，化学式为$CaCO_3$。碳酸钙一般是白色固体，无味无臭，分为无定型和结晶型两种形态。它是地球上常见物质之一，存在于霰石、石灰岩、大理石等岩石内，也是动物骨骼或者外壳的主要成分。

重质碳酸钙

重质碳酸钙简称重钙，是由天然碳酸盐矿物，比如方解石、大理石、石灰石磨碎而成。通常情况下呈现白色粉末状，无臭无味，露置空气中没有变化。

重质碳酸钙用途

根据粉碎细度的不同，可以将重质碳酸钙分为单飞、双飞、三飞和四飞四种规格。单飞粉用于生产无水氯化钙，是重铬酸钠生产的辅助原料，也是玻璃及水泥生产的主要原料。此外，它也可以用于建筑材料和家禽饲料等。

双飞粉是橡胶和油漆的白色填料以及建筑材料等。三飞粉可以用作塑料、涂料腻子、涂料、胶合板及油漆的填料。四飞粉一般用作电线绝缘层的填料、橡胶模压制品以及沥青制油毡的填料。

轻质碳酸钙

轻质碳酸钙又称为沉淀碳酸钙，简称轻钙。它是将石灰石等原料煅烧生成石灰和二氧化碳，再加水消化石灰生成石灰乳，然后再通入二氧化碳，碳化石灰乳后生成碳酸钙沉淀，最后经脱水、干燥和粉碎而制得。

想要让我出现是一件非常不容易的事情，你一定要经受住考验哦！

轻质碳酸钙用途

轻质碳酸钙是白色粉末，无臭无味，可以用作橡胶、塑料、造纸、涂料和油墨等行业的填料，也能广泛应用于有机合成、冶金、玻璃和石棉等生产中。

硫酸铜

硫酸铜是一种无机化合物，化学式为$CuSO_4$，包括无水硫酸铜和五水硫酸铜，前者呈现白色或者灰白色粉末状，后者为透明的深蓝色结晶或者粉末。

硫酸铜的用途

硫酸铜可以用作纺织品媒染剂、农业杀虫剂、水的杀菌剂、防腐剂，也可以用于鞣革、铜电镀、选矿等。在化学工业中还可以用于制造其他铜盐，如氯化亚铜、氧化亚铜等。

氧化物

氧化物由两种元素组成，其中一种一定是氧元素，另外一种如果是金属元素，那么就称为金属氧化物。如果不是金属元素，那么就称为非金属氧化物。

酸性氧化物

酸性氧化物是指能够与水作用生成酸或者与碱作用生成盐和水的氧化物。非金属氧化物大多数都是酸性氧化物，比如二氧化碳、三氧化硫，但是酸性氧化物不一定是非金属氧化物。

如果我的另外一种元素是汞，你知道我是金属氧化物还是非金属氧化物吗？

酸性氧化物的性质

酸性氧化物大多数能够与水直接化合生成酸，也可以与碱反应生成盐和水。一定条件下，酸性氧化物还能与碱性氧化物反应生成盐。

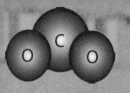

二氧化碳

　　二氧化碳是一种酸性氧化物，化学式为CO_2。常温常压下它是一种无色无味但是水溶液略有酸味的气体，也是一种常见的温室气体，还是空气的成分之一。

二氧化碳性质

　　二氧化碳具有酸性氧化物的通性，可以溶于水，和水反应生成碳酸，而不稳定的碳酸容易分解成水和二氧化碳。一定条件下，它会和碱性氧化物反应生成相应的盐。

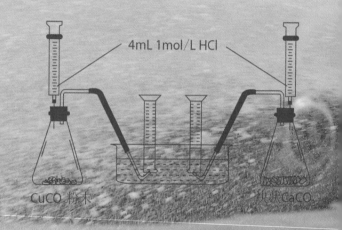

4mL 1mol/L HCl

CuCO₃粉末　　　　　　稀盐酸CaCO₃

二氧化碳与氢氧化钙反应

　　向澄清的石灰水中加入二氧化碳，会使澄清的石灰水变浑浊，生成碳酸钙沉淀。当二氧化碳过量的时候，会生成碳酸氢钙，所以当长时间向已经浑浊的石灰水中通入二氧化碳后，会发现沉淀渐渐消失。

　　我既能让澄清的石灰水变浑浊，也能让浑浊的石灰水变清澈，这是多么神奇的本领啊！

二氧化碳的应用

　　高纯二氧化碳主要用于电子工业。固态二氧化碳主要作为冷冻剂，广泛用于冷奶制品、肉类、冷冻食品和其他转运中容易腐败的食品。气态二氧化碳用于碳化软饮料、食品保存等。液体二氧化碳可以用作制冷剂，也可用作灭火剂。

单质的概念

　　单质是由同种元素组成的纯净物。元素以单质形式存在时的状态称为元素的游离态，因此单质也可以理解为是由一种元素的原子组成的以游离形式能够比较稳定存在的物质。

单质的类别

　　单质又分为金属单质、非金属单质和稀有气体。通常情况下，一种元素可能有几种单质，比如氧元素就有氧气、臭氧、四聚氧、红氧四种单质。

我确确实实只能由一种元素组成，但是一种元素不一定只有一种单质，不信的话，你就看看氧元素吧！

金属单质

　　金属单质一般是指金属元素。金属单质种类繁多，性质大多相似，常温下一般是固体。比较常见的金属单质有钠、铝、铁、钙、钾、汞等。

非金属单质

　　非金属单质是由同种非金属元素形成的纯净物，在一百多种化学元素中，非金属元素占有二十多种，常见的非金属单质有氧、硫、硅、碘、氢、氮等。

氢　　　　氦

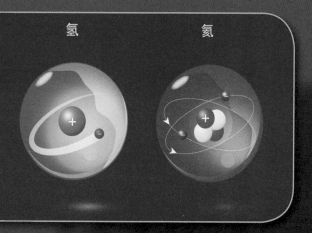

稀有气体

　　稀有气体是指元素周期表上所有0族元素对应的气体，又称为惰性气体，每一种稀有气体都是由同一种元素组成的纯净物，常见的稀有气体单质有氦、氖、氩、氪、氙、氡等。

同素异形体

同素异形体是指由同样的单一化学元素组成，只是由于排列方式不同而具有不同性质的单质。同素异形体之间的性质差异主要表现在物理性质上，化学性质上的差异表现在活性上面。

常见的同素异形体

生活中比较常见的同素异形体有碳的同素异形体，包括金刚石、石墨、富勒烯、碳纳米管、石墨烯和石墨炔，还有磷的同素异形体，比如白磷和红磷等。

阅读大视野

到了21世纪，收集和储藏化学元素单质成为人们的一种业余爱好。著名化学家、元素收藏家西奥多·格雷就是其中一位著名人物。他从2002年开始收藏元素单质，花费无数精力收藏了2000多件与元素有关的标本和物品，后来甚至还出版了《视觉之旅：神奇的化学元素》以及《疯狂科学》等图书，内容丰富，十分畅销。

非金属及其化合物

在已经发现的一百多种元素之中，除了稀有气体元素之外，非金属的元素只有二十余种，虽然数量不多，但是其化合物却在化学世界里占有重要地位，值得我们仔细研究。

卤素

　　卤族元素是指周期表中的ⅦA族元素，包括氟（F）、氯（Cl）、溴（Br）、碘（I）、砹（At）、鿬（Ts），简称卤素。它们在自然界中是以典型的盐类存在，称为成盐元素。

卤素的物理性质

　　卤族元素的所有单质，都是双原子分子，它们物理性质的改变，一般都是有规律性的。特别是随着分子量的不断增大，卤素分子间的色散力就会逐渐增强，颜色也会变深，它们的熔点、沸点、密度、原子体积等因素也会依次地逐渐递增。

卤素的氧化性

　　卤素都具有氧化性，而这其中氟单质的氧化性非常强。卤族元素和金属元素两大家族构成了无机盐世界。此外，它们在有机合成等领域内，也同时发挥着非常重要的作用。

非金属元素氟

氟是一种非金属的化学元素，其化学符号为F，原子序数为9。氟是卤族元素的家庭成员之一，属于周期系的ⅦA族，在元素周期表中位列第二周期。氟元素的单质是氟气，是一种淡黄色且有剧毒的气体。

你们家里冰箱的食品能够保鲜、不变质也完全是我的功劳哦！

氟气的化学性质

氟气具有很强的腐蚀性，其化学性质也非常活泼，是属于氧化性非常强的物质之一。氟气在特定的条件下，能够和部分惰性气体发生化学反应。

氟与化合物的反应

除了具有最高价态的金属氟化物和少数纯的全氟有机化合物之外，几乎所有化合物都能够与氟发生剧烈反应。即使是全氟的有机化合物，一旦被可燃物污染了，也会在氟气之中燃烧。

氟气的氧化性

氟是已知元素中一种非金属性非常强的元素，它的基态原子价电子层结构为$2s^2 2p^5$，具有特别小的原子半径。因此，氟具有强烈的得电子倾向，即强烈的氧化性，是人们已知最强的氧化剂之一。

氟与氢的反应

氢元素与氟元素的化合反应是非常剧烈的，即使处在$-250℃$的低温阴暗之处，也能够与氢气发生爆炸性的化合反应，并生成氟化氢。除了氢气之外，氟还会与除氧、氮、氦、氖、氩、氪以外所有元素的单质发生反应，并生成一种最高价的氟化物。

氟的保存贮藏

氟在与铜、镍或者镁等物质发生反应的时候，在金属的表面就会形成一层致密的氟化物保护膜，用以阻止发生反应。因此，氟气能够保存和贮藏在铜、镍或者镁等材料制成的容器中。

一定要记得好好保存我，如果我偷偷跑出来了，会给你造成很大的伤害哦！

氟在自然界的分布

氟是自然界中广泛分布的元素之一。氟在地壳中存在量的排序数为13。自然界中氟主要以萤石、冰晶石以及氟磷灰石的形式存在。

氟的主要用途

可以利用氟的强氧化性，制取六氟化铀，帮助分离出铀的同位素。还可以用氟来合成氟利昂等冷却剂。氟能够用于制氟化试剂以及金属冶炼中的助熔剂等。

三氟化氯与三氟化溴可以用作火箭燃料的氧化剂。有的时候氟还能够用来制杀虫剂与灭火剂。氟代烃可以当成血液的临时代用品。由于氟的特殊化学性质，氟化学在化学发展史上有重要的地位。

我的优点数不胜数，有我帮忙制成的玻璃，效果非常好，人人都要夸呢！

氟化物玻璃

氟化物玻璃的透明度比传统氧化物玻璃大百倍，即使在强辐射下也不会变暗。氟化物玻璃纤维制成的光导纤维，效果比二氧化硅制成的光导纤维效果好百倍。

氟的同位素

氟在自然界中大量存在的同位素仅有^{19}F。已知的氟同位素共有18个，只有^{19}F是稳定的。^{18}F是一个很好的正电子源，通常用在正电子发射计算机断层显像示踪剂的合成方面。临床最常用的示踪剂就是含有^{18}F的示踪剂。

氟在生活中的应用

含氟塑料和含氟橡胶有特别优良的性能，可以用于氟氧吹管和制造各种氟化物。氟元素还常常添加在牙膏中作为含氟牙膏，氟化钠与牙齿中的碱式磷酸钙反应能够生成更坚硬和溶解度更小的氟磷酸钙。

氟的人体分布

氟元素在正常成年人体中约含有2克至3克，主要分布在骨骼、牙齿、指甲中，分布在骨骼和牙齿中的氟约有90%，而每毫升血液中含有0.04微克至0.4微克氟。

人体氟的来源

人体所需的氟主要来自饮用水。人们每日大概摄入2毫克的氟，基本上通过尿排出，每日排出约2毫克。富含氟的食品有牡蛎、葱、豆类、茶叶等。人体每日摄入量超过4毫克会造成中毒，损害健康。

氟的特殊性质

氟的电负性最大，原子半径小，因此氟分子中孤对电子的排斥力相当大。氟化物中，氟与其他元素形成的化学键非常强，离子型的卤化物中，一般氟化物晶格能U最大，一些含氟化合物具有极强的酸性。

请你一定要注意安全，做好防护措施再来接触我，不然让你受伤了，我会很伤心啊！

氟的危害

氟化合物对人体有害，150毫克以内的氟就能够引发一系列的病痛，而大量氟化物进入体内会引起急性中毒。氟的吸入量不同，表现出的症状也不同，可能症状如厌食、恶心、腹痛、胃溃疡、抽筋出血甚至死亡。

操作氟的措施

接触氟化物工作的人最严重和最危险的是脸部和皮肤接触氟和氟化物。因此在使用氟和氟化物时必须遵守操作流程，并且有可靠的安全措施，包括操作用具、橡皮手套，具有遮盖作用的防护面罩和有防酸性气体功能的防毒面具等。

非金属元素氯

  氯是一种非金属元素，化学符号为Cl，是卤族元素之一。氯单质由两个氯原子构成，化学式为Cl_2。它微溶于水，易溶于碱液，易溶于有机溶剂。气态氯单质俗称氯气，液态氯单质俗称液氯。

氯气的概念

  氯气常温常压下为黄绿色气体，具有强烈刺激性气味。它的化学性质十分活泼，具有毒性。氯以化合态的形式广泛存在于自然界中，对人体的生理活动十分重要。

氯气的性质

　　氯气具有强氧化性，能够与大多数金属和非金属发生化合反应。氯气遇水歧化为盐酸和次氯酸，次氯酸不稳定，容易分解，放出游离氧，次氯酸具有漂白性。

氯气的危害

　　氯气对眼睛、呼吸道黏膜都具有刺激作用，能够引起流泪、咳嗽、咳少量痰、胸闷、气管炎和支气管炎、肺水肿等呼吸道症状，严重甚至会导致休克、死亡。

氯离子的检验

　　检验水中是否含有氯离子可以向其中加入硝酸酸化的银离子，比如硝酸银。这样能够帮助排除其他离子的干扰，如果水中含有氯离子，那么它会和银离子反应生成氯化银白色沉淀。

氯在自然界的分布

　　自然界中游离状态的氯存在于大气层中，它是破坏臭氧层的主要单质之一。氯气受到紫外线作用会分解成两个氯原子。大多数化合态氯通常以氯化物形式存在，常见的主要是氯化钠。

氯的应用领域

　　氯主要用于化学工业特别是有机合成工业上，可以用来生产塑料、合成橡胶、染料以及其他化学制品或者中间体。氯气也可以用来制造漂白粉、漂白纸浆和布匹、合成盐酸、制造氯化物、饮水消毒、合成塑料等。

人体中的氯

氯是人体必需的常量元素之一，它是维持体液和电解质平衡所必需的成分，也是胃液的一种必需成分，它以食盐的形式普遍存在着。

你每天摄入的食盐中就有我的存在哦，适量的我可以帮助你保持健康！

氯在人体中的平均含量为1.17g/kg，总量约为82至100克，大概占体重的0.15%，广泛分布于全身。它主要以氯离子的形式与钠、钾化合存在。其中氯化钾主要在细胞内液，氯化钠主要在细胞外液。

参与光合作用的氯

在光合作用中，氯作为锰的辅助因子会参与水的光解反应。它可能是锰的配合基，有助于稳定锰离子，让它能够处于较高的氧化状态。氯不仅是希尔反应释放氧气必需的物质，还能促进光合磷酸化作用。

O_2

$C_6H_{12}O_6$

能调节气孔运动的氯

氯对气孔的开张和关闭有调节作用。由于氯在维持细胞膨压、调节气孔运动方面的作用非常显著，因此能够帮助植物增强抗旱能力。

可以抑制病害发生的氯

施用含氯肥料对抑制病害的发生有明显作用，很多作物的叶、根病害可以通过增施含氯肥料得到明显减轻。比如冬小麦的全蚀病、条锈病，春小麦的叶锈病、枯斑病，大麦的根腐病，玉米的茎枯病，马铃薯的空心病、褐心病等。

氯的其他作用

植物体内氯的流动性很强，输送速度较快，能够迅速进入细胞内，提高细胞的渗透压和膨压，可以增强细胞吸水，并提高植物细胞和组织束缚水分的能力。

叶绿素

我是一个乐于助人的小可爱，只要能够帮助你，我就会勤快地劳动哦！

CO_2

氯对酶活性的影响

氯对酶的活性也有影响。氯化物能够激活利用谷氨酰胺为底物的天冬酰胺合成酶，促进天冬酰胺和谷氨酸的合成，在氮素代谢过程中有非常重要的作用。适量的氯有利于碳水化合物的合成和转化。

H_2O

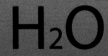

非金属元素溴

溴是一种非金属化学元素，元素符号是Br，原子序数为35，在化学元素周期表中位于第4周期第ⅦA族，是卤族元素之一。溴分子在标准温度和压力下是有挥发性的红黑色液体，活性介于氯与碘之间。

溴的含量分布

▼ 溴元素在自然界中基本没有单质状态存在。它的化合物常常和氯的化合物混杂在一起，但是数量比较少，在一些矿泉水、盐湖水和海水中含有溴。

溴的主要来源

自然界中的溴绝大部分都分布在海洋中。从海水中提取溴是溴的主要来源，盐卤也是提取溴的主要来源，从制盐工业的废盐汁中直接电解也能够得到溴。

我还有一个名字叫"海洋元素"，因为整个地球上99%的我都以溴离子的形式存在于海水中哦！

溴的物理性质

溴是深红棕色发烟挥发性液体，是唯一的在室温下呈现液态的非金属元素，并且是元素周期表上在室温或者接近室温下为液体的六个元素之一。

溴有刺激性气味，在空气中能够迅速挥发，它的烟雾对眼睛和呼吸道有强烈的刺激作用。溴可溶于水，易溶于乙醇、乙醚、氯仿、浓盐酸和溴化物水溶液。

强氧化剂溴

溴是一种强氧化剂，它能够和金属以及大部分有机化合物产生激烈的反应。如果有水参与，那么反应会更加剧烈。溴和金属反应会产生金属溴盐及次溴酸盐（有水参与时），和有机化合物可能产生磷光或者荧光化合物。

溴的化学性质

溴对大多数金属和有机物组织都有侵蚀作用，甚至包括铂和钯，而与铝、钾等作用会发生燃烧和爆炸。溴对二硫化碳、有机醇类与有机酸的溶解度更好。它还有强烈的漂白性。

溴的化合物

溴的化合物一般包括金属溴化物、非金属溴化物以及溴化铵等。碱金属、难溶溴化物与难溶氯化物相似，但是前者的溶解度通常小于相应的氯化物。

碱金属溴化物

碱金属和碱土金属的溴化物可以由相应的碳酸盐或者氢氧化物与氢溴酸作用制得，如溴化锰、溴化钡、溴化铜、溴化镁、溴化铊、溴化汞等。碱土金属溴化物以及溴化铵易溶于水。

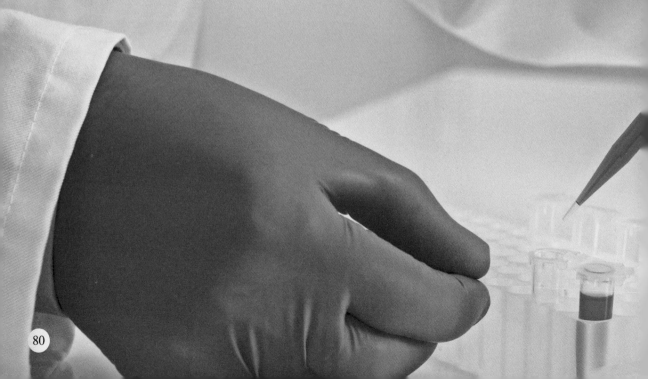

溴的同位素

溴有两个稳定的同位素，分别是溴79和溴81，还有至少20余种放射性同位素是已经被发现可以存在的。很多溴同位素都是核裂变的产物。

溴的实验室制备法

实验室里通常将氢溴酸与过氧化氢混合，当溶液变为橙红色的时候表明有溴生成，这时将其蒸馏就能得到纯度很高的液溴。溴可以腐蚀橡胶制品，所以在进行有关溴的实验时要避免使用胶塞和胶管。

溴的工业制备法

　　空气吹出法是工业上制备溴素的主要方法，也是如今最成熟、最普遍采用的提溴工艺。从低浓度含溴卤水中或者海盐生产过程中的卤水中能够提取溴。由于溴单质很难保存且商业用途不多，人们不会一次性大量制备。

当你使用老式相机，"咔嚓"一下按下快门的时候，相片上的部分溴化银就会分解出银，得到底片哦！

溴的工业用途

溴的化合物用途十分广泛，溴化银被用作照相中的感光剂。溴可以用于制备有机溴化物，也可以用于制备颜料与化学中间体。溴与氯配合使用可以用于水的处理与杀菌。

溴系阻燃物

含溴阻燃剂在人们生活中越来越重要。当燃烧发生时，阻燃剂会生成氢溴酸，干扰在火焰当中进行的氧化连锁反应，起到阻燃作用。溴系阻燃剂是无公害新型纤维阻燃剂，使用方便，可以在纺织品后处理中直接添加。

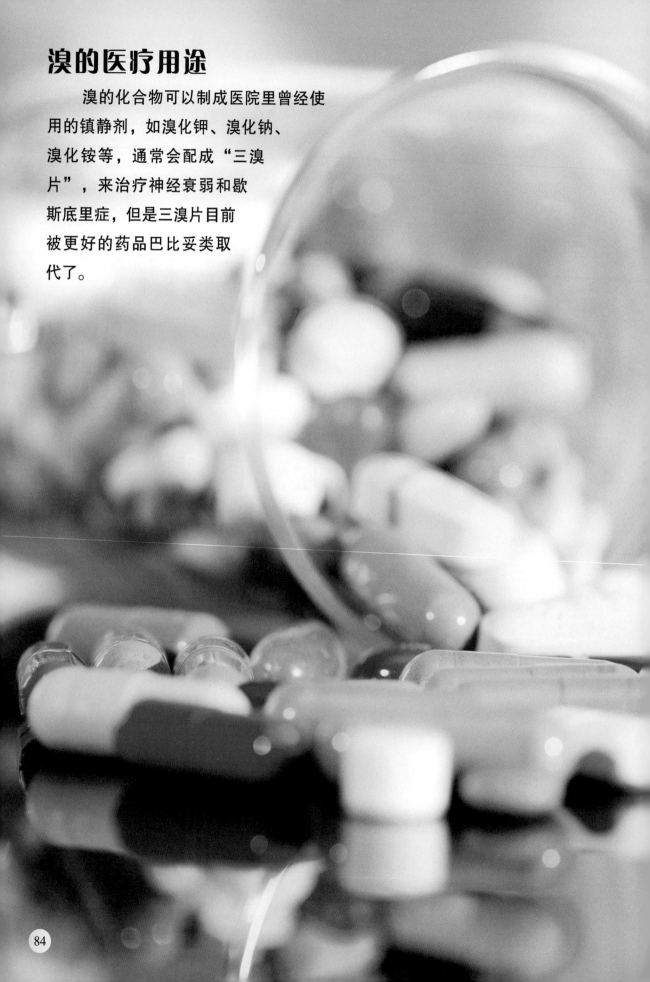

溴的医疗用途

　　溴的化合物可以制成医院里曾经使用的镇静剂，如溴化钾、溴化钠、溴化铵等，通常会配成"三溴片"，来治疗神经衰弱和歇斯底里症，但是三溴片目前被更好的药品巴比妥类取代了。

溴的危害

单质状态的溴是有毒有刺激性的。当人体吸入低浓度溴后，会引起咳嗽、胸闷、黏膜分泌物增加，同时伴有头痛、头晕、全身不适等症状，部分人会出现胃肠道症状。

如果你没有做好防护措施的话，请离我远一点，我不想伤害你啊！

当人体吸入较高浓度溴后，鼻咽部和口腔黏膜会被染色，口中呼气会有特殊的臭味，还会出现流泪、怕光、声门水肿甚至窒息等症状。部分患者可能发生过敏性皮炎，接触高浓度溴甚至可能造成皮肤重度灼伤。

非金属元素碘

　　碘是一种非金属元素，元素符号为I，原子序数为53，在化学元素周期表中位于第5周期，ⅦA族，卤族元素之一。1811年法国药剂师库特瓦首次发现单质碘。

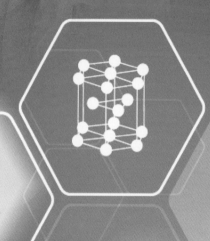

碘的物理性质

　　碘是一种紫黑色有光泽的片状晶体，具有较高的蒸气压，容易升华，升华后容易凝华，具有毒性和腐蚀性。单质碘遇淀粉会变蓝紫色。纯碘蒸气呈现深蓝色，如果其中含有空气就会呈现紫红色，同时有刺激性气味。

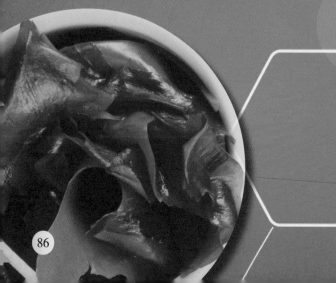

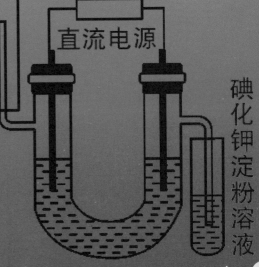

碘易溶于有机溶剂，例如氯仿、四氯化碳。碘在乙醇和乙醚中生成的溶液显棕色，在二硫化碳、四氯化碳中生成紫色溶液，在这些溶液中碘以分子状态存在。

直流电源

碘化钾淀粉溶液

碘的来源

　　自然界中碘主要是以碘酸钠的形式存在于智利硝石矿中。海洋中的某些生物具有选择性吸收和富集碘的能力，是碘的一个重要来源。

碘的含量分布

　　碘在自然界中以溶于水的形式存在。它在自然界中含量稀少，在地壳中的含量居第47位。除了在海水中含量较高以外，在大部分土壤、岩石、水中的含量都很少。

偷偷告诉你一个秘密，其实我在海带、海鱼和贝类等动植物中的含量很高哦！

碘与金属的反应

　　一般能与氯单质反应的金属同样也能与碘反应，只是反应活性不如氯单质。比如碘单质常温下可以和活泼的金属直接作用，却不能与其他金属发生反应。

碘与非金属的反应

　　一般能与氯单质反应的非金属同样也能与碘的单质反应，由于碘单质的氧化能力比较弱，反应活性不如氯，所以需要在较高的温度下才能发生反应。

碘的作用

碘对动植物来说也是十分重要的元素。海水里的碘化物和碘酸盐进入大多数海生物的新陈代谢中。在高级哺乳动物中，碘以碘化氨基酸的形式集中在甲状腺内，缺乏碘会引起甲状腺肿大。

碘的用途

大约三分之二的碘及化合物常常用来制备防腐剂、消毒剂和药物，如碘酊和碘仿。碘酸钠作为食品添加剂能够补充碘摄入量不足。放射性同位素碘–131通常用于放射性治疗和放射性示踪技术。

能够发挥我的优势，让我在你最需要的地方帮助你，是最让我满足的事情！

碘的其他用途

碘及其相关化合物主要用于医药、照相及染料。它还可以作为示踪剂，进行系统的监测，比如用于地热系统监测。碘化银除了用作照相底片的感光剂以外，还可以作人工降雨时造云的晶种。

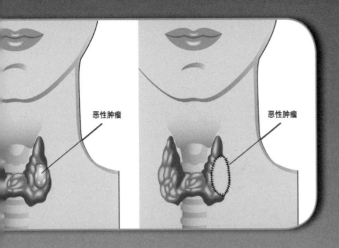

恶性肿瘤

恶性肿瘤

碘与人类健康的关系

碘与人类的健康息息相关。成年人体内含有20至50毫克碘，它是维持人体甲状腺正常功能必需的元素。当人体缺碘时，就会患甲状腺肿，碘化物可以防止和治疗甲状腺肿大。

碘能治疗甲状腺肿大

多食海带、海鱼等含碘丰富的食品，对于防治甲状腺肿大十分有效。碘的放射性同位素可以用于甲状腺肿瘤的早期诊断和治疗。

我在你的身体里不可或缺，如果没有我，你肯定不会像现在这样聪明哦！

智力元素碘

碘是人体必需的微量元素之一，有"智力元素"之称。健康成人体内碘的总量约为30毫克，其中70%至80%的碘都存在于甲状腺中。

碘的促进作用

甲状腺素中含碘，它能够促进生物氧化，协调生物氧化和磷酸化的偶联、调节能量转换。甲状腺素还能促进骨骼的发育和蛋白质合成，维护中枢神经系统的正常结构。

碘能调节蛋白质合成和分解

当蛋白质摄入量不足的时候，甲状腺素具有促进蛋白质合成作用。当蛋白质摄入量充足的时候，甲状腺素可以促进蛋白质分解。

碘能促进糖和脂肪代谢

甲状腺素能够加速糖的吸收利用，促进糖原和脂肪分解氧化，调节血清胆固醇和磷脂浓度等。甲状腺素可以促进烟酸的吸收利用和胡萝卜素转化为维生素A的过程等。

碘能调节水盐代谢

甲状腺素可以促进组织中水盐进入血液并从肾脏排出，缺乏时可以引起组织内水盐在体内不正常地聚集停留，在组织间隙出现含有大量黏蛋白的组织液，发生黏液性水肿。

碘能增强酶的活力

甲状腺素能够使体内的100多种酶活化，比如细胞色素酶系、琥珀酸氧化酶系、碱性磷酸酶等，让它们在物质代谢中发挥更好的作用。

碘的危害

人体摄入过多的碘也是有害的，日常饮食碘过量同样会引起甲亢。是否需要在正常膳食之外特意补碘，要经过正规体检，听取医生的建议，切不可盲目行事。

虽然我非常重要，但是适量的我才能为你的聪明才智加分，否则只会让你变得傻乎乎呢！

小儿碘中毒

小儿碘中毒大多数都是因为误服或者用量过大导致的。曾经有人将碘酊误当成止咳糖浆给小儿服用。少数病儿对碘过敏，误服碘酊3至4毫升就会导致死亡。

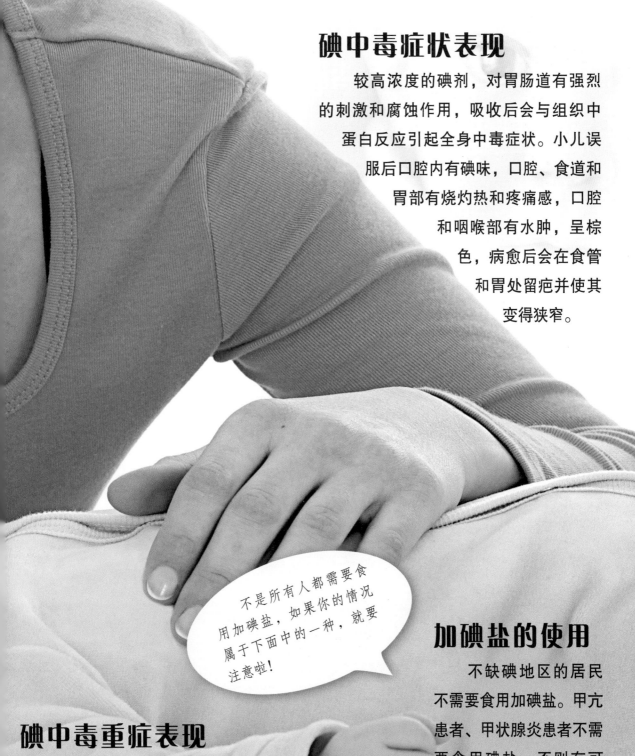

碘中毒症状表现

较高浓度的碘剂，对胃肠道有强烈的刺激和腐蚀作用，吸收后会与组织中蛋白反应引起全身中毒症状。小儿误服后口腔内有碘味，口腔、食道和胃部有烧灼热和疼痛感，口腔和咽喉部有水肿，呈棕色，病愈后会在食管和胃处留疤并使其变得狭窄。

不是所有人都需要食用加碘盐，如果你的情况属于下面中的一种，就要注意啦！

加碘盐的使用

不缺碘地区的居民不需要食用加碘盐。甲亢患者、甲状腺炎患者不需要食用碘盐，否则有可能加重病情。甲状腺瘤患者、甲状腺功能减低患者、其他甲状腺疾病患者都需要听从医嘱，具体情况具体分析。

碘中毒重症表现

重症者甚至会出现精神症状、昏迷，如果没有及时抢救，会引起大脑严重缺氧，损害中枢神经系统，从而影响小儿的智力发育。

卤族元素砹

砹是卤族元素之一，化学符号是At，原子序数是85，属于ⅦA族元素。砹比碘像金属，活泼性比碘低。砹是在1940年初次被合成的。

砹的性质

根据卤素的颜色变化趋势，分子量和原子序数越大，颜色越深。因此，砹将可能呈现近黑色固体状，它受热时会升华成紫色气体（比碘蒸气颜色深）。砹是卤族元素中毒性最小、比重最大的元素。

砹的真实面目

砹是镭、锕、钍这些元素自动分裂过程中的产物，在大自然中又少又不稳定。它的寿命很短，很难积聚，即使积聚到一克的纯元素都是不可能的，这样就很难看到它的"庐山真面目"。

砹的毒性

砹本身无毒，但是它放出的射线对人体有害。动物实验证明，砹的一个同位素类似碘，容易被人体的甲状腺吸收。因此，砹放射出的 α 粒子对甲状腺组织会起到破坏作用。

> 我的名字很接地气，可是我的存在一点也不接地气，就算是科学家轻易也不能请我出山呢！

卤族元素䥑

䥑是卤素之一，化学符号是Ts，原子序数是117。䥑作为一种超重元素在自然界中并不存在，是人工合成的元素之一，于2010年首次合成成功，2012年再次合成成功。

阅读大视野

1940年，意大利化学家埃米利奥·吉诺·塞格雷发现了第85号元素，它被命名为"砹（At）"。在希腊文里，砹（Astatium）的意思是"不稳定"。塞格雷后来迁居到了美国，和美国科学家科里森、麦肯齐在加州大学伯克利分校用回旋加速器加速氦原子核，轰击金属铋209，由此制得了第85号元素——"亚碘"，也就是砹。

硫及其化合物

硫是一种非金属元素，化学符号是S，原子序数是16。硫是氧族元素之一，在元素周期表中位于第三周期。含硫元素在人们的生活中占有重要地位。

硫在自然界的分布

硫在自然界中分布较广，在地壳中含量为0.048%（按质量计），它的存在形式主要有游离态和化合态。单质硫主要存在于火山周围的地域中。

> 我的外貌十分迷人，充满了魅力。只不过我的味道有点奇怪，你不要嫌弃我啊！

单质硫

单质硫俗称硫磺，块状硫磺是淡黄色块状结晶体，粉末为淡黄色，有特殊臭味，能溶于二硫化碳，不溶于水。工业硫磺呈黄色或者淡黄色，有块状、粉状、粒状或者片状等。

工业硫磺

工业硫磺为易燃固体。空气中含有一定浓度硫磺粉尘时不仅遇火发生爆炸，硫磺粉尘也容易带静电产生火花导致爆炸（硫磺粉尘爆炸下限为2.3g/m³），继而燃烧引发火灾。

硫的化学性质

硫的化学性质比较活泼，能跟氧、氢、卤素(除碘外)、金属等大多数元素化合，生成离子型化合物或者共价型化合物。硫单质既有氧化性又有还原性。

我不是你所感受到的"热"这种温度，要想研究我，你要好好学习才行呢！

硫磺燃烧爆炸

正常情况下硫磺燃烧缓慢，但是与氧化剂混合时燃烧速度剧增，而且能够形成爆炸性混合物。摩擦产生的高温和明火等均可导致硫磺粉尘爆炸和火灾。一般情况下硫磺粉尘比易燃气体更容易发生爆炸，但是燃烧速度和爆炸压力比易燃气体小。

硫磺的危害性

由于部分硫磺能够在肠内转化为硫化氢而被人体吸收，因此大量吞入硫磺（10g以上）会导致硫化氢中毒。它还能引起眼结膜炎、皮肤湿疹等。长期吸入硫磺粉尘一般无明显毒性。

硫磺的用途

升华硫磺又名硫华，与皮肤和组织接触，在其分泌物的作用下会生成硫化物，能够使皮肤软化和起到杀菌作用。沉降硫磺又名硫乳，在其分泌物的作用下会产生硫化氢及五硫磺酸，有杀菌、杀疥的作用。

硫磺能防治病虫害

硫磺属于多功能药剂，除了能够杀菌之外，还能够杀螨和杀虫。一般用来防治病虫害，常常加工成胶悬剂，它对人、畜安全，不容易对作物产生药害。

硫的用途

硫被用来制造黑色火药、火柴等。硫也是生产橡胶制品的重要原料。硫还常常用来杀真菌，也可用作化肥。硫化物在造纸业中用来漂白。硫代硫酸钠和硫代硫酸氨在照相中做定影剂。

硫与汞反应

在日常生活中，如果一支水银温度计破裂，外泄的汞全部蒸发，能使一间15平方房间的室内空气汞浓度达到22.2mg/m^3，远远超出国家规定。为避免这种情况，通常将硫磺洒在散落的汞珠旁，生成稳定化合物，防止汞蒸发造成危害。

硫的缓泻作用

　　硫磺本身作用不活泼，内服后会变成硫化物及硫化氢，刺激胃肠黏膜，使之兴奋蠕动，导致下泻。当肠内容中脂肪性物质较多时，更容易产生大量的硫化氢而致泻。

> 虽然我的用处很多，但是不是谁都能轻易控制我，你不要随随便便尝试哦！

硫的其他用途

　　在食糖生产中，一般会把硫磺氧化为二氧化硫气体用于漂白脱色。在农药生产中也会直接或者间接使用硫磺。除以上应用外，利用硫磺的行业还有水泥枕轨处理、医药等。

化合态的硫

　　以化合态存在的硫大部分为矿物，可以分为硫化物矿和硫酸盐矿。硫化物矿有黄铁矿、黄铜矿、方铅矿、闪锌矿等。硫酸盐矿有石膏、芒硝、天青石、矾石、明矾石等。煤炭中通常也含有少量的硫。

二氧化硫用作防腐剂

二氧化硫能够抑制霉菌和细菌的滋生，因此可以用作干果、葡萄酒、果酒等的防腐剂。但是必须严格按照国家有关标准使用。

常常有谣言说我不适合做食品添加剂，其实只要符合国家规定，我就是最好用的哦！

二氧化硫的漂白性

二氧化硫有漂白性，但是只能漂白品红等极少数物质，漂白原理是与有机色素化合生成无色物质，且漂白有暂时性，因为化合物会分解。

H_2SO_4

HNO_3

H_2O

NO_2

SO_2

二氧化硫

二氧化硫是最简单最常见、有刺激性的硫氧化物，化学式为SO_2，它是大气的主要污染物之一，也是造成硫酸性酸雨的"罪魁祸首"。

二氧化硫的主要用途

二氧化硫可以用作有机溶剂及冷冻剂，并用于精制各种润滑油。它还能够用于生产三氧化硫、硫酸、亚硫酸盐、硫代硫酸盐，也可以用作熏蒸剂、防腐剂、消毒剂、还原剂等。

二氧化硫的危害

在大气中，二氧化硫会氧化形成硫酸雾或者硫酸盐气溶胶，是环境酸化的重要前驱物。大气中二氧化硫浓度在0.5ppm以上对人体已经有潜在影响，在1至3ppm时，多数人开始感到刺激，在400至500ppm时，人会出现溃疡和肺水肿直至窒息死亡。

二氧化硫与大气中的烟尘有协同作用。当大气中二氧化硫浓度为0.21ppm，烟尘浓度大于0.3mg/L时，容易使呼吸道疾病发病率增高，并导致慢性病患者病情迅速恶化。

硫酸

硫酸是一种无机化合物，化学式是H_2SO_4，是硫最重要的含氧酸。无水硫酸为无色油状液体，一般使用的是它各种不同浓度的水溶液，包括稀硫酸和浓硫酸。

稀硫酸

稀硫酸是指溶质质量分数小于或者等于70%的硫酸水溶液，它不具有浓硫酸和纯硫酸的氧化性、脱水性、强腐蚀性等特殊化学性质，能够使紫色石蕊变红，还可以用于除铁锈。

浓硫酸

浓硫酸是质量分数大于或者等于70%的硫酸水溶液，俗称坏水。浓硫酸与硝酸、盐酸、氢碘酸、氢溴酸、高氯酸并称为化学六大无机强酸。

浓硫酸的性质

浓硫酸是一种具有高腐蚀性的强矿物酸，它可以腐蚀的金属单质种类的数量甚至超过了王水。除此之外，浓硫酸还具有难挥发性、吸水性、脱水性、强氧化性。

我和稀硫酸最大的不同就是我的好多能力它都没有，它没办法和我相提并论哦！

浓硫酸的强腐蚀性

浓硫酸具有很强的腐蚀性，如果做实验的时候不小心溅到皮肤或者衣服上，应该立即用大量水冲洗，不仅能减少浓硫酸在皮肤上停留的时间，还能在第一时间稀释浓硫酸，减少其对人体的伤害。

浓硫酸的吸水性

浓硫酸具有吸水性，能够吸附空气中的水，常常用来做干燥剂。浓硫酸还能够用作洗气装置，用来干燥中性和酸性气体。但是浓硫酸不能用作碱性气体的洗气装置，也不可干燥溴化氢、碘化氢、硫化氢等还原性气体以及二氧化硫、二氧化氮等气体。

这里的步骤你一定要记好，一步都不能少，顺序也不能乱，不然你很有可能受伤啊！

稀释浓硫酸

浓硫酸密度比水大得多，直接将水加入浓硫酸会使水浮在浓硫酸表面，大量放热而使酸液沸腾溅出，造成事故。因此稀释时，常常将浓硫酸沿器壁慢慢注入水中，或者用玻璃棒引流，并不断搅拌，使稀释产生的热量及时散出。

浓硫酸的脱水性

浓硫酸有脱水性而且脱水性很强，物质被浓硫酸脱水的过程是化学变化的过程。蔗糖、木屑、纸屑和棉花等物质中的有机物，被脱水后生成黑色的炭，且会产生二氧化硫，因此实验一定要在通风情况良好的条件下进行。

硫酸的危害性

硫酸对皮肤、黏膜等组织有强烈的刺激和腐蚀作用。蒸气或者雾会引起结膜炎、结膜水肿、角膜混浊，以致失明。还有可能引起呼吸道刺激，严重时会导致呼吸困难和肺水肿。高浓度硫酸会引发喉痉挛或者声门水肿而窒息死亡。

硫酸毒性

硫酸属于中等毒性，对环境也有危害，它会对水体和土壤造成污染。它与易燃物和有机物接触会发生剧烈反应，甚至引起燃烧。

硫酸处理方法

如果不小心将硫酸滴在手上，应该立即用大量清水冲洗，并涂上浓度为3%左右的碳酸氢钠溶液，做完急救处理后，迅速到附近医院做灼伤处理，避免对皮肤有进一步伤害。

硫酸的工业需求

硫酸除了用于化学肥料外，还用于制作苯酚、硫酸钾等多种化工产品。轻工系统的自行车、皮革行业，纺织系统的黏胶、纤维等产品，石油系统的原油加工、石油催化剂、添加剂以及医药工业等都离不开硫酸。

硫酸钙

硫酸钙是石膏的主要成分。石膏分为生石膏和熟石膏，生石膏的主要成分是二水硫酸钙，熟石膏的主要成分是$2CaSO_4 \cdot H_2O$。石膏可以用于制作豆腐、铅笔等产品。

阅读大视野

1952年12月5日至9日，伦敦上空受反气旋影响，被浓厚的烟雾笼罩。在此次事件中，伦敦排放到大气中的污染物包括1000吨烟尘、2000吨二氧化碳、140吨氯化氢、14吨氟化物，以及370吨二氧化硫，这些二氧化硫随后转化成了800吨硫酸。由这些污染物组成的烟雾导致4000人失去了生命，被称为"伦敦烟雾事件"，是20世纪十大环境公害事件之一。

氮及其化合物

氮是一种化学元素，化学符号是N，原子序数是7。氮是空气中最多的元素，在自然界中存在十分广泛，在生物体内也有十分重要的作用，是组成氨基酸的基本元素之一。

氮的含量分布

氮在地壳中的含量很少，自然界中绝大部分的氮都是以单质分子氮气的形式存在于大气中。氮气占空气体积的百分之七十八。

氮气

氮气的化学式为N_2，它是无色无味的气体，化学性质很不活泼，在高温高压及催化剂条件下才能和氢气反应生成氨气。在放电的情况下才能和氧气化合生成一氧化氮。

氮气的理化性质

氮气微溶于水和酒精。它是不可燃的，通常情况下被认为是一种窒息性气体，因为呼吸纯净的氮气会剥夺人体的氧气，导致呼吸不畅。

没有哪一种气体的含量能够比得上我，因为我将他们远远甩在了后面呢！

氮的存在形式

氮也会以硝酸盐的形式存在于多种矿物质中，例如智利硝石或者硝石和含有铵盐的矿物质。氮存在于许多复杂的有机分子中，包括存在于所有活生物体中的蛋白质和氨基酸。

氮气的工业制备方法

工业上常常由液态空气分馏来获得氮气，一般从空气分馏得到的氮气纯度约为99%，其中包含少量的氧气、氩气及水等杂质。

氮气的实验室制备方法

实验室常用亚硝酸铵的分解来产生氮气。通常是在饱和亚硝酸钠溶液中，滴加热的饱和氯化铵溶液，或者用直接温热饱和亚硝酸铵溶液的办法来得到氮气。这样制得的氮气含有少量氨、一氧化氮、氧气及水等杂质。

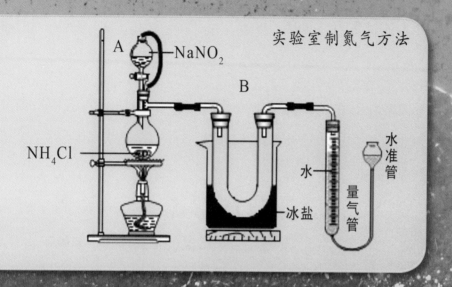

实验室制氮气方法

氮气的用途

氮气通常被称为惰性气体，一般用于某些惰性气氛中来进行金属处理，并用于灯泡中来防止产生电弧，但是它不是化学惰性的。

氮气可以提高钢的强度

氮与许多金属结合会形成硬氮化物，可以用作耐磨金属。钢中的少量氮会抑制高温下的晶粒生长，并且还会提高某些钢的强度。

氮气的其他用途

氮气还可以形成惰性材料以保存材料，用于干燥箱或者手套袋中。食品冷冻过程中会用到液氮。工业上常常用于保护油类、粮食等。

氮素

氮是植物生长的必需养分之一，它是每个活细胞的组成部分。植物需要大量氮，氮素是叶绿素的组成成分，叶绿素a和叶绿素b都是含氮化合物。

氮素的作用

氮素对植物生长发育的影响是十分明显的。当氮素充足时，植物可以合成较多的蛋白质，促进细胞的分裂和增长，因此植物叶片的面积增长快，能有更多的叶面积用来进行光合作用。

氮对植物的影响

氮是构成蛋白质的主要成分，对茎叶的生长和果实的发育有重要作用，是与产量最密切的营养元素。适量的氮能够使植物生长更加茂盛。

农民伯伯耕种作物的时候常常要施加一些氮肥，就是因为我对植物来说超级有营养哦！

液氮

　　液氮是指液态的氮气，液氮是惰性、无色、无臭、无腐蚀性、不可燃、温度极低的液体。液氮汽化的时候会大量吸热，如果不小心接触会造成冻伤。人体皮肤直接接触液氮超过2秒会造成不可逆转的冻伤。

液氮的用途

　　液氮可以用作深度制冷剂，它的化学惰性使它可以直接和生物组织接触，立即冷冻而不会破坏生物活性，因此可以用于迅速冷冻和运输食品，或者制作冰品。

液氮的医学作用

　　在外科手术中可以用迅速冷冻的方法帮助止血和去除皮肤表面的浅层需要割除的部位。液氮还能用来保存活体组织，防止组织被破坏。

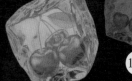

二氧化氮

二氧化氮化学式为NO$_2$，它是一种棕红色气体，有毒、有刺激性。二氧化氮溶于浓硝酸中会生成发烟硝酸，与水作用会生成硝酸和一氧化氮，它能与许多有机化合物发生激烈反应。

二氧化氮的来源

除了自然来源外，二氧化氮主要来自燃烧过程的释放，比如燃料的燃烧、机动车尾气、锅炉废气的排放等，工业生产过程也会产生一些二氧化氮。据估计，全世界每年排出的氮氧化物为5000多万吨。

当你看到我的标志性颜色，同时又闻到一种刺激性气味的时候，就知道是我来了，记得赶快远离啊！

二氧化氮的危害

　　二氧化氮是酸雨的成因之一，其带来的环境效应多种多样，包括对湿地和陆生植物物种之间竞争与组成变化的影响，大气能见度的降低，地表水的酸化以及增加水体中对鱼类和其他水生生物有害毒素的含量。

二氧化氮的重要性

　　二氧化氮在化学反应和火箭燃料中一般用作氧化剂，在亚硝基法生产硫酸中用作催化剂，在工业上可以用来制作硝酸。二氧化氮还在臭氧形成过程中起着至关重要的作用。

氨气

氨气是一种无机物，化学式为NH_3，它是一种无色、具有强烈刺激性气味的气体。氨气在常温加压的条件下就能被液化成无色液体，也容易被固化成雪状固体。

氨气的检验方法

氨气检验的方法有很多，可以用湿润的红色石蕊试纸检验，试纸变蓝则证明有氨气。也可以用玻璃棒蘸浓盐酸靠近，如果产生白烟，证明有氨气。氨气检测仪表也可以定量测量空气中氨气的浓度。

如果你闻到了刺激性气味一定要提高警惕，这很可能就是我在"谋害"你呢！

氨气的危害

氨的刺激性是可靠的有害浓度报警信号。但是由于嗅觉疲劳，长期接触后对低浓度的氨难以察觉。吸入是接触氨气的主要途径，吸入氨气后中毒症状一般比较明显。

氨中毒的表现

轻度氨中毒表现有鼻炎、咽炎、喉痛、发音嘶哑。氨进入气管、支气管会引起咳嗽、咯痰、痰内有血。严重时会咯血及肺水肿，呼吸困难、咯白色或者血性泡沫痰，双肺布满大、中水泡音。

急性氨中毒

急性氨中毒的发生大都是由于意外事故如管道破裂、阀门爆裂等造成。急性氨中毒主要表现为呼吸道黏膜刺激和灼伤，根据氨的浓度及吸入时间表现症状不同，严重时甚至会导致死亡。

氨水

　　氨水又称为阿摩尼亚水，化学式为$NH_3 \cdot H_2O$，它是氨的水溶液，无色透明且具有刺激性气味。氨水是由氨气通入水中制得的。

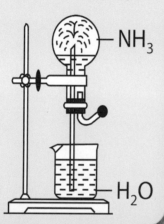

氨水的实验室制法

NH₃

H₂O

氨水的性质

　　氨水容易挥发出氨气，随着温度升高和放置时间延长，挥发率逐渐增加，随着浓度的增大，挥发量增加。氨水有一定的腐蚀作用，碳化氨水的腐蚀性更强。对铜的腐蚀比较强，钢铁比较差，对木材也有一定腐蚀作用。

喷泉实验

在常温常压下，一体积的水中能溶解700体积的氨。因此可以将少量水通入充满氨气的烧瓶中，使烧瓶内外在短时间内产生较大的压强差，利用大气压将烧瓶下面烧杯中的液体压入烧瓶内，在尖嘴导管口形成喷泉。

> 把肥料洒在农田中，可以为作物提供生长所需的氮元素，改善土壤条件哦！

阅读大视野

氮在1772年由瑞典药剂师舍勒发现，后来由法国科学家拉瓦锡确定是一种元素。1787年由拉瓦锡和其他法国科学家提出，氮的英文名称为nitrogen，是"硝石组成者"的意思。中国清末化学家启蒙者徐寿在第一次把氮译成中文时曾经写成"淡气"，意思是它"冲淡"了空气中的氧气。

硅及其化合物

硅是一种化学元素，化学符号是Si，原子序数是14，相对原子质量28.0855，属于元素周期表上第三周期，IVA族的非金属元素。

非金属元素硅

硅是十分常见的一种元素，但是它很少以单质的形式在自然界出现，通常都是以复杂的硅酸盐或者二氧化硅的形式，广泛存在于岩石、砂砾、尘土之中。

硅的分布

硅在地球表面的含量仅次于氧，是第二丰富的元素。不过它不是最早被发现的元素，因为从硅的氧化物中要将硅还原出来是一件非常困难的事。

硅的重要性

如果说碳是组成一切有机生命的基础，那么硅对于地壳来说，几乎一样重要，因为地壳的主要部分都是由含硅的岩石层构成的。

硅的存在

在自然界中，硅通常以含氧化合物形式存在，其中最简单的是硅和氧的化合物 SiO_2。石英、水晶等都是纯硅石的变体。

矿石和岩石中的硅氧化合物统称硅酸盐，比较重要的有高岭土、滑石、云母、石棉、锆石英等。

地壳最主要的部分几乎都有我的参与，没有我，地壳就像失去了生命一样呢！

硅的化学性质

硅有明显的非金属特性，可以溶于碱金属氢氧化物溶液中，产生硅酸盐和氢气。它的化学性质比较稳定，常温下很难与其他物质发生反应。

硅的同素异形体

硅有无定形硅和晶体硅两种同素异形体。无定形硅为黑色，晶体硅为灰黑色，晶体硅属于原子晶体。不溶于水、硝酸和盐酸，溶于氢氟酸和碱液。

硅的实验室制备方法

实验室里可以用镁粉在赤热下还原粉状二氧化硅，用稀酸洗去生成的氧化镁和镁粉，然后用氢氟酸洗去未作用的二氧化硅，就能得到单质硅。

硅的应用领域

高纯的单晶硅是非常重要的半导体材料。当它掺入一些其他元素之后能够做成太阳能电池，将辐射能转变为电能。在开发能源方面是一种非常有用的材料。

硅是集成电路的原材料

广泛应用的二极管、三极管、晶闸管、场效应管和各种集成电路，包括计算机内的芯片和CPU，都是用硅做的原材料。

硅是金属陶瓷的重要材料

将陶瓷和金属混合烧结，能够制成金属陶瓷复合材料。它耐高温，富韧性，可以切割，既继承了金属和陶瓷各自的优点，又弥补了两者的先天缺陷。

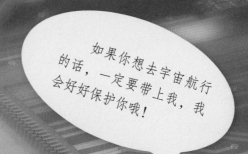

如果你想去宇宙航行的话，一定要带上我，我会好好保护你哦！

硅是宇宙航行的重要材料

硅可以应用于航空制造。第一架航天飞机"哥伦比亚号"能够抵挡住高速穿行稠密大气时摩擦产生的高温，都是因为它由三万一千块硅瓦拼砌成的外壳。

硅用来制作玻璃纤维

用纯二氧化硅可以拉制出高透明度的玻璃纤维。激光可以在玻璃纤维的通路里，发生无数次全反射然后向前传输，代替笨重的电缆。

硅用于光纤通信

光纤通信容量高，一根头发丝那么细的玻璃纤维，就能同时传输256路电话，而且它不受电和磁的干扰，不怕窃听，具有高度的保密性。

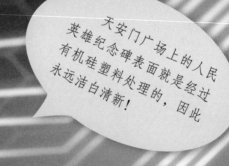

天安门广场上的人民英雄纪念碑表面就是经过有机硅塑料处理的，因此永远洁白清新！

硅的有机化合物

有机硅塑料是极好的防水涂布材料。在地下铁道四壁喷涂有机硅，可以一劳永逸地解决渗水问题。在古文物、雕塑的外表，涂一层薄薄的有机硅塑料，可以防止青苔滋生，抵挡风吹雨淋和风化。

有机硅的重要性

　　随着有机硅数量和品种的持续增长，应用领域不断拓宽，逐渐形成化工新材料界独树一帜的重要产品体系，许多品种是其他化学品无法替代的。

植物的必需元素硅

　　硅可以提高植物茎秆的硬度，增加害虫取食和消化的难度。虽然硅元素在植物生长发育中不是必需元素，但是它仍是植物抵御逆境、调节植物与其他生物之间相互关系所必需的化学元素。

硅能提高植物抗性

　　硅在提高植物对非生物和生物逆境抗性中的作用十分显著，如硅可以提高植物对干旱、盐胁迫、紫外辐射以及病虫害等的抗性。硅对植物防御起到警备作用。

　　施用硅后水稻对害虫取食的防御反应迅速提高。水稻在受到虫害袭击时，硅可以警备水稻迅速激活与抗逆性相关的茉莉酸途径，茉莉酸信号反过来促进硅的吸收，硅与茉莉酸信号途径相互作用影响着水稻对害虫的抗性。

人体中的硅

硅是人体必需的微量元素之一，占体重的0.026%。在结缔组织和软骨形成中硅是必需的元素，它能将黏多糖互相连结，并将黏多糖结合到蛋白质上，形成纤维性结构，从而增加结缔组织的弹性和强度，维持结构的完整性。

不仅植物需要我，你们人类更加离不开我的帮助，不要小看我哦！

硅参与骨的钙化作用

硅在钙化初始阶段起作用，食物中的硅能够加快钙化的速度。特别是钙摄入量低时，效果更为明显。硅还是胶原的组成成分之一，在人体中的作用不可忽视。

硅的参考摄入量

根据动物实验推算，如果硅容易吸收，人体每天的需要量可能为2至5毫克。但是膳食中大部分的硅不会轻易被吸收，推荐每天摄入量约为5至10毫克。

硅过量的症状

硅过量容易导致高硅症，高硅饮食的人群中曾经发现局灶性肾小球肾炎，肾组织中含硅量明显增高的个体。也有报道称有人大量服用硅酸镁后诱发尿路结石。

硅不足的表现

如果动物饲料中缺少硅，会导致动物生长迟缓、指甲易断裂等。动物试验结果显示，喂饲致动脉硬化饮料的同时补充硅，对保护动物主动脉结构十分有利。

我的种类繁多、应用广泛，在你们的生活中扮演着十分重要的角色呢！

硅胶

硅是一种非常安全的物质，本身不与免疫系统反应，也不会被细胞吞噬，更不会滋生细菌或者与化学物质发生反应。针对皮肤伤口所开发生产的硅胶，可以用来保护伤口，是安全性非常高的材料，受到各国卫生机关许可使用。

硅酸盐

硅酸盐指的是硅、氧与其他化学元素结合而成化合物的总称。大部分熔点高，化学性质稳定，是硅酸盐工业的主要原料。硅酸盐制品和材料在各种工业、科学研究及日常生活中有广泛应用。

二氧化硅

二氧化硅是一种无机物，化学式为SiO_2。纯净的天然二氧化硅晶体，是一种坚硬、脆性、难溶的无色透明的固体，常用于制造光学仪器等。

二氧化硅的化学性质

二氧化硅化学性质比较稳定，不跟水反应。它是酸性氧化物，不跟一般酸反应，不过和氢氟酸反应会生成气态四氟化硅，和热的浓强碱溶液或者熔化的碱反应会生成硅酸盐和水。

你们都很喜欢的玉髓、玛瑙和碧玉其实不过是含有杂质的有色石英晶体哦！

自然界中的二氧化硅

自然界中存在的二氧化硅，比如石英、石英砂等，统称硅石。纯石英为无色晶体，大而透明的棱柱状石英晶体叫作水晶，含微量杂质而呈现紫色的叫紫水晶，浅黄、金黄和褐色的称烟水晶。

二氧化硅的用途

二氧化硅是制造玻璃、石英玻璃、水玻璃、光导纤维、电子工业的重要部件，也是光学仪器、工艺品和耐火材料的原料，是进行科学研究不能缺少的重要材料。

二氧化硅作为润滑剂

二氧化硅是一种优良的流动促进剂，主要作为润滑剂、抗黏剂、助流剂使用。特别适宜油类、浸膏类药物的制粒，制成的颗粒具有很好的流动性和可压性。

二氧化硅的危害

二氧化硅在日常生活、生产和科研等方面有着重要的用途，但是有时也会对人体造成危害。二氧化硅的粉尘非常细，比表面积达到100m²/g以上就可以悬浮在空气中。如果人长期吸入含有二氧化硅的粉尘，就会患硅肺病。

你记得提醒那些矿工、石材加工工人以及其他在含有硅粉尘场所的工人，一定要采取必要的防护措施啊！

硅肺病

硅肺是一种职业病，它的发生和严重程度与空气中粉尘的含量、粉尘中二氧化硅的含量以及与人的接触时间等有关。硅肺病人抵抗力下降，容易合并其他疾病，导致病情恶化，甚至死亡。

阅读大视野

发现硅的荣誉归属于瑞典化学家贝采尼乌斯，1824年他在瑞典首都斯德哥尔摩，通过加热氟硅酸钾和钾获取了硅。1824年永斯·雅各布·贝采尼乌斯用同样的方法，经过反复洗涤除去其中的氟硅酸，得到纯无定形硅。1854年德维尔第一次制得晶态硅。

氧化还原反应

氧化还原反应是化学反应中的三大基本反应之一，是化学反应前后，元素的氧化数有变化的一类反应，它的实质是电子的得失或者共用电子对的偏移。

我与还原反应是相互依存的，谁也不能离开谁，只有我们一起出现，组成的才是氧化还原反应哦！

氧化反应和还原反应

根据氧化还原反应中氧化数的升高或者降低，可以将它拆分成两个半反应。氧化数升高的半反应，称为氧化反应。氧化数降低的反应，称为还原反应。

氧化产物和还原产物

发生氧化反应的物质，称为还原剂，生成氧化产物。发生还原反应的物质，称为氧化剂，生成还原产物。氧化产物具有氧化性，但是比氧化剂的氧化性弱，还原产物具有还原性，但是比还原剂的还原性弱。

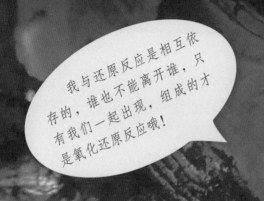

氧化还原平衡

一般来说，所有的化学反应都具有可逆性，只是可逆的程度有很大差别，各反应进行的限度也大不相同。氧化还原反应存在着氧化还原平衡，也就是得失电子数守恒。

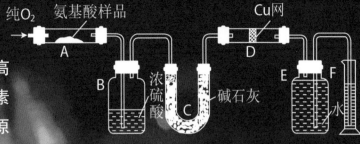

价态规律

氧化还原反应中元素处于最高价态的时候，只具有氧化性。元素处于最低价态的时候，只具有还原性。如果处于中间价态，则既具有氧化性，又具有还原性。

氧化还原反应规律

氧化还原反应中氧化剂的氧化性大于氧化产物，还原剂的还原性大于还原产物。同种元素不同价态间发生归中反应时，元素的氧化数只接近而不交叉，最多达到同种价态。

优先律和守恒律

金属导体中的电流是自由电子定向移动形成的。自由电子在运动中要与金属正离子频繁碰撞，每秒钟的碰撞次数高达 10^{15} 左右。这种碰撞阻碍了自由电子的定向移动，而电阻就是表示这种阻碍作用的物理量。

氧化还原反应的意义

自然界中的燃烧、呼吸作用、光合作用，生产生活中的化学电池、金属冶炼、火箭发射等都与氧化还原反应息息相关。研究氧化还原反应，对人类的进步至关重要。

阅读大视野

18世纪末，化学家在总结许多物质与氧的反应后，发现这类反应具有一些相似特征，提出了氧化还原反应的概念。1948年，在价键理论和电负性的基础上，氧化数的概念被提出，1970年IUPAC对氧化数作出严格定义，氧化还原反应也得到了正式的定义。

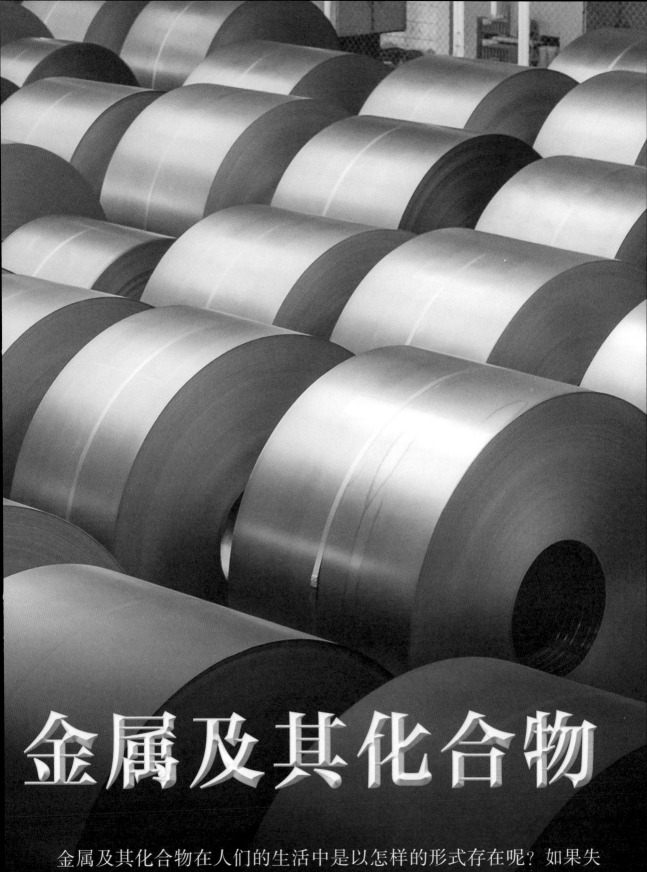

金属及其化合物

金属及其化合物在人们的生活中是以怎样的形式存在呢？如果失去了它们，我们的生活会变成什么样呢？让我们一起来了解一下生活中重要的金属及其化合物吧！

钠及其化合物

钠是一种金属元素，元素符号是Na，原子序数是11，在元素周期表中位于第三周期、第ⅠA族，是碱金属元素的代表，与人们的生活息息相关。

钠的物理性质

钠是银白色立方体结构的金属，质软而轻，可以用小刀切割，新切面有银白色光泽，在空气中氧化转变为暗灰色，具有抗腐蚀性。

钠的化学性质

钠的化学性质十分活泼，能够与水反应生成氢氧化钠，放出氢气，量大的时候甚至会发生爆炸。钠还能在二氧化碳中燃烧，和低元醇反应产生氢气。

钠的其他性质

钠是热和电的良导体，具有比较好的导磁性，液态钾钠合金是核反应堆导热剂。钠单质的延展性良好，硬度也低，能够溶于汞和液态氨，溶于液氨会形成蓝色溶液。

戴维法制备钠

戴维是通过电解法首先制得的金属钠，在之后的几十年间，工业上都采用铁粉和高温氢氧化钠反应的方法制备金属钠，这种方法又称为戴维法。

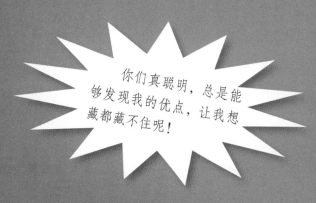

你们真聪明，总是能够发现我的优点，让我想藏都藏不住呢！

钠的工业用途

钠可以帮助测定有机物中的氮，还原和氢化有机化合物，除去烃中的氧、碘或者氢碘酸等杂质，制备钠汞齐、醇化钠、纯氢氧化钠、过氧化钠、氨基钠、合金、钠灯、光电池，制取活泼金属等。

人体中的钠

钠是人体中一种重要无机元素。一般情况下，成人体内钠含量大约为3200至4170毫摩尔，约占体重的0.15%。体内钠主要在细胞外液，占总体钠的44%至50%，骨骼中含量占40%至47%，细胞内液含量较低，仅占9%至10%。

钠能参与代谢

钠是细胞外液中带正电的主要离子，它参与水的代谢，保证体内水的平衡，调节体内水分与渗透压。还能帮助维持体内酸和碱的平衡。

其实我还能够帮助维持血压正常和增强神经肌肉兴奋性，厉害着呢！

钠的其他作用

钠是胰液、胆汁、汗和泪水的组成成分。它与ATP的生产和利用、肌肉运动、心血管功能、能量代谢都有关系，此外，糖代谢、氧的利用也需要钠的参与。

食物中的钠

钠在各种食物中普遍存在，一般动物性食物中的含量高于植物性食物。但是人体钠的来源主要为食盐，以及加工、制备食物过程中加入的钠或者含钠复合物。酱油、盐渍或者腌制肉、烟熏食品、酱咸菜类、发酵豆制品、咸味休闲食品等也含有钠。

缺乏钠的表现

钠缺乏早期的症状不明显，倦怠、淡漠、无神，甚至起立时昏倒。当失钠达到0.5g/kg体重以上的时候，会出现恶心、呕吐、血压下降、痛性肌痉挛等症状。

钠过量的症状

正常情况下，钠摄入过多并不蓄积。但是在某些特殊情况下，比如误将食盐当成食糖加入婴儿奶粉中喂养，就有可能引起中毒甚至死亡。

急性钠中毒的时候，会出现水肿、血压上升、血浆胆固醇升高、脂肪清除率降低、胃黏膜上皮细胞受损等症状。成人的钠适宜摄入量为每天2200毫克。

氯化钠

氯化钠是一种无机离子化合物，化学式为NaCl，通常是无色立方结晶或者细小结晶粉末，味咸，其来源主要是海水，是食盐的主要成分。

氯化钠的工业应用

氯化钠是许多生物学反应所必需的成分，如分子生物学试验中多种溶液配方都含有氯化钠，细菌培养基中大多含有氯化钠。它同时也是氨碱法制纯碱时的原料。

我和你们的生命息息相关，如果你的身体里没有足够的我，就会有大麻烦啊！

氯化钠的其他应用

氯化钠对于地球上的生命非常重要。大部分生物组织中含有多种盐类。血液中的钠离子浓度和体液安全水平的调节有直接关系。此外，由信号转换导致的神经冲动传导也是由钠离子调节的。

生理盐水

　　含氯化钠0.9%的水称为生理盐水，因为它与血浆有相同的渗透压。生理盐水是主要的体液替代物，广泛用于治疗及预防脱水，也用于静脉注射治疗及预防血量减少性休克。

氧化钠

　　氧化钠是一种无机物，常温下为白色无定形片状或者粉末，化学式是Na_2O，分子量61.98，熔点为1132℃，沸点为1275℃，密度为2.27g/cm^3，可溶于水，与水反应。

氧化钠的危险性

　　氧化钠对人体有强烈刺激性和腐蚀性。容易对眼睛、皮肤、黏膜造成严重灼伤，接触后会引起灼伤、头痛、恶心、呕吐、咳嗽、喉炎、气短等症状。

氧化钠的主要用途

　　氧化钠主要用来制取钠的化合物，或者用作脱氢剂、化学反应的聚合剂、缩合剂等。一般会储存在通风、低温、远离火种和热源的库房内。

过氧化钠

过氧化钠是一种无机物，通常是米黄色粉末或者颗粒，化学式为 Na_2O_2，分子量77.98。其八水合物为白色六方系晶体，加热至30℃时分解，溶于水，溶于酸，不溶于碱。

你一定要记清楚我的样子，千万不要大意，如果你不小心把我放进水里，记得赶快跑啊！

过氧化钠的性质

过氧化钠本身不会燃烧或者爆炸，但是与易氧化的有机物或者无机物混合能够燃烧或者爆炸。它与水猛烈作用也会产生大量的热而引起火灾。

过氧化钠的用途

过氧化钠常常用作氧化剂、防腐剂、除臭剂、杀菌剂、漂白剂等，也可以用于制备过氧化氢。有时还会用于医药、印染、漂白及分析试剂等。

碳酸钠

碳酸钠是一种无机化合物，分子式为Na_2CO_3，化学品的纯度通常都在99.5%以上。它又名纯碱，但是分类属于盐，不属于碱。国际贸易中又名苏打或者碱灰。

侯氏制碱法

侯氏制碱法是侯德榜留学海外归来后结合中国内地缺盐的国情，改进索尔维法后制碱的方法。他将纯碱和合成氨两大工业联合，同时生产碳酸钠和化肥氯化铵，大大地提高了食盐利用率，意义重大。

幸好有了我，你们制碱的工序才更加简单方便，你要和我一起记住我的创造者啊！

侯氏制碱法的优点

侯氏制碱法保留了氨碱法的优点，消除了它的缺点，使食盐的利用率提高到96%。NH_4Cl可以当成氮肥使用，还能够与合成氨厂联合，使合成氨的原料气CO转化成CO_2，革除了$CaCO_3$制CO_2这一工序。

碳酸钠的应用领域

碳酸钠是重要的化工原料之一，广泛应用于轻工日化、建材、化学工业、食品工业、冶金、纺织、石油、国防、医药等领域，用作制造其他化学品的原料、清洗剂、洗涤剂，也用于照相术和分析领域。

碳酸钠用于玻璃制造

玻璃工业是纯碱的最大消费部门，每吨玻璃消耗纯碱0.2t。主要用于浮法玻璃、显像管玻壳、光学玻璃等。使用纯碱还能够帮助消除玻璃液中的气泡。

碳酸钠的其他作用

碳酸钠也可以用于化工、冶金等其他部门。使用重质纯碱可以减少碱尘飞扬、降低原料消耗、改善劳动条件，还能够提高产品质量，同时减轻碱粉对耐火材料的侵蚀作用，延长窑炉的使用寿命。

碳酸钠的危害性

碳酸钠具有弱刺激性和弱腐蚀性。如果直接接触会引起皮肤和眼灼伤。生产中吸入碳酸钠粉尘和烟雾会引起呼吸道刺激和结膜炎，还有可能出现鼻黏膜溃疡、萎缩及鼻中隔穿孔等症状。

长时间接触碳酸钠溶液会导致湿疹、皮炎、鸡眼状溃疡和皮肤松弛。接触碳酸钠作业工人的呼吸器官疾病发病率升高。如果误服会造成消化道灼伤、黏膜糜烂、出血和休克。

我不希望看到有人因为我而受伤，希望你能多多了解我，这样出现危险的时候你才能远远避开我啊！

无水碳酸钠的用途

无水碳酸钠可以用于化学及电化学除油、化学镀铜、铝及合金的电解抛光、铝的化学氧化、磷化后的封闭、工序间的防锈、电解退除铬镀层和退除铬的氧化膜等。

接触碳酸钠后的急救措施

在实验里，如果不小心沾到碱液，我们要立刻用大量的水冲洗，然后再涂上硼酸溶液来进行反应。皮肤接触后要立即脱去污染的衣着，用大量流动清水冲洗至少15分钟，然后就医。

碳酸氢钠

碳酸氢钠分子式为 $NaHCO_3$，它是一种无机盐，呈白色结晶性粉末，无臭，易溶于水。在潮湿空气或者热空气中会缓慢分解，产生二氧化碳，加热至270℃完全分解。

小苏打

碳酸氢钠又名小苏打，它在50℃以上开始逐渐分解生成碳酸钠、水和二氧化碳气体，人们常常利用这个特性将碳酸氢钠作为制作糕点、馒头、面包的膨松剂。

碳酸氢钠用于食品加工

在食品加工中，碳酸氢钠是一种应用最广泛的疏松剂，用于生产饼干、面包等，它还是汽水饮料中二氧化碳的发生剂。它可以与明矾复合为碱性发酵粉，也可以与纯碱复合为民用石碱，还可以用作黄油保存剂。

碳酸氢钠的作用

碳酸氢钠可以直接作为制药工业的原料，用于治疗胃酸过多。有时候会用于生产酸碱灭火机和泡沫灭火机。它还可以用作羊毛的洗涤剂以及用于农业浸种等。

阅读大视野

苏打四兄弟指的分别是苏打（碳酸钠）、小苏打（碳酸氢钠）、大苏打（硫代硫酸钠）和臭苏打（硫化钠），它们的名字虽然只有一字之差，但是它们的性质和用途却完全不同，因此在使用它们的时候一定要注意分清，避免张冠李戴。

铝及其化合物

铝是一种金属元素，元素符号为Al，原子序数是13，在元素周期表中位于第三周期、第ⅢA族。铝是一种银白色轻金属，应用十分广泛。

铝的含量分布

铝元素在地壳中的含量仅次于氧和硅，居第三位，是地壳中含量最丰富的金属元素。它主要以铝硅酸盐矿石存在，分布于铝土矿和冰晶石中。

铝的致密氧化膜

铝是活泼金属，在干燥空气中，铝的表面会形成大约5纳米厚的致密氧化膜，使铝不会进一步氧化。但是铝的粉末与空气混合之后十分容易燃烧。

我不需要别人来保护我，因为我自己就能生成一层保护膜，为自己保驾护航。

铝粉

铝粉俗称银粉，也就是银色的金属颜料。铝粉质轻，漂浮力高，遮盖力强，对光和热的反射性能良好。它可以用来鉴别指纹，还可以用来做烟花。铝粉用途广、需求量大、品种多，是金属颜料中的一大类。

铝合金

铝的密度很小，仅为$2.7g/cm^3$，它比较软，但是可以制成各种铝合金，如硬铝、超硬铝、防锈铝、铸铝等。这些铝合金广泛应用于飞机、汽车、火车、船舶等制造工业。此外，宇宙火箭、航天飞机、人造卫星也使用大量的铝及其铝合金。

铝的主要用途

铝及铝合金是目前用途广泛、最经济适用的材料之一。世界铝产量从1956年超过铜产量后一直居于有色金属之首。当前铝的产量和用量仅次于钢材，是人类应用的第二大金属。

你知道吗？一架超音速飞机大约就由70%的铝及其铝合金构成，这都是因为我超级厉害哦！

铝的导电性

铝的导电性仅次于银、铜和金。输送同量的电，铝线的质量只有铜线的一半。铝表面的氧化膜不仅能够耐腐蚀，还有一定的绝缘性，因此铝在电器制造工业、电线电缆工业和无线电工业中都有广泛应用。

铝是热的良导体

铝是热的良导体，它的导热能力比铁大3倍，工业上常用铝制造各种热交换器、散热材料等，家庭使用的许多炊具也由铝制成。

铝的延展性

铝有很好的延展性，仅次于金和银。当温度达到100 ℃至150 ℃时可以制成厚度小于0.01毫米的铝箔。这些铝箔广泛用于包装香烟、糖果等，还能制成铝丝、铝条，并能轧制各种铝制品。

铝能制造仪器

铝的表面因为有一层致密的氧化物保护膜，不容易受到腐蚀，因此常常被用来制造化学反应器、医疗器械、冷冻装置、石油精炼装置、石油和天然气管道等。

铝能制造爆炸混合物

　　铝在氧气中燃烧能够放出大量的热和耀眼的光，常常用于制造爆炸混合物，如铵铝炸药、燃烧混合物和照明混合物，比如用铝热剂做的炸弹和炮弹可用来攻击难以着火的目标或者坦克、大炮等。

我的威力无与伦比，就算是坦克都抵挡不了，你不要和我对着干哦！

铝热剂

　　铝热剂常常用来熔炼难熔金属和焊接钢轨等。铝还可以用作炼钢过程中的脱氧剂。铝粉和石墨、二氧化钛按照一定比率均匀混合后，涂在金属上，经过高温煅烧可以制成耐高温的金属搪瓷。

铝能制造反射镜

　　铝板对光的反射性能很好，反射紫外线比银强。铝越纯，反射能力就越好，因此常常用来制造高质量的反射镜，如太阳灶反射镜等。

冷冻库

铝的其他作用

　　铝具有吸音性能，音响效果也比较好，因此广播室、现代化大型建筑室内的天花板等也会采用铝。铝比较耐低温，而且温度低的时候，它的强度会增加，因此它是非常适合用于低温装置的材料，如冷藏库、冷冻库、南极雪上车辆的生产装置。

铝的毒性

　　经过研究发现，铝元素能够损害人的脑细胞。铝在人体内是慢慢蓄积起来的，由于它的毒性缓慢，不易察觉，一旦发生代谢紊乱的毒性反应，后果就会非常严重。

铝的规定摄入量

根据世界卫生组织的评估，规定铝的每日摄入量为0至0.6mg/kg，即一个60kg的人允许摄入量为每日36mg。我国《食品添加剂使用标准GB2760-2011》中规定，铝的残留量要小于等于100mg/kg。

如果超出了规定摄入量的话，你身体里的铝就会越来越多，最后损害你的脑细胞呢！

防止铝吸收的方法

我们在日常生活中要防止铝的吸收，减少铝制品的使用。比如尽量避免使用铝制成的炊具，不吃不正规摊贩上的油条，不购买由铝包装的糖果等食品，少喝易拉罐装的软饮料。部分药品也是由含铝物质制成，因此应该减少服用含铝元素的药品。

氧化铝

氧化铝是铝的稳定氧化物，化学式为Al_2O_3。在矿业、制陶业和材料科学上又被称为矾土。它是一种高硬度的化合物，熔点为2054℃，沸点为2980℃，常用于制造耐火材料。

氧化铝的性质

氧化铝是难溶于水的白色固体，无臭、无味、质极硬，比较容易吸潮但是不会潮解。氧化铝是典型的两性氧化物，能溶于无机酸和碱性溶液中，几乎不溶于水及非极性有机溶剂。

氧化铝的主要成分

氧化铝含有元素铝和氧。如果将铝矾土原料经过化学处理，除去硅、铁、钛等的氧化物后制得的产物就是纯度很高的氧化铝原料，而且它的含量一般在99%以上。

宝石中的氧化铝

　　红宝石和蓝宝石的主要成分都是氧化铝，但是由于其中含有不同的杂质而呈现不同的色泽。红宝石中因为含有铬离子而呈现红色，蓝宝石则含有铁离子和钛离子而呈现蓝色。

虽然我在红宝石和蓝宝石中的地位很重要，但是我没有权利决定它们的颜色哦！

氧化铝的适用领域

　　氧化铝可以多次循环利用，循环次数和材料等级及具体工艺过程有关，大多数标准磨料喷砂设备都能够使用。它在航空航天业、汽车业、消费品加工、半导体工业等不同领域都有应用。

氧化铝的主要作用

　　氧化铝常常用作高温耐火材料，制耐火砖、坩埚、瓷器、人造宝石等，氧化铝也是炼铝的原料。氧化铝粉末常常用作色层分析的媒介物。

氧化铝作为磨料

　　氧化铝适用于多种干湿处理工艺，可以将任何工件的粗糙表面打磨精细，是最经济实惠的磨料之一。它的高密度、尖锐、菱角结构，让它成为最高效的切割磨料之一。

氢氧化铝

氢氧化铝是一种无机物，化学式为 $Al(OH)_3$，是铝的氢氧化物。氢氧化铝既能与酸反应生成盐和水，又能与强碱反应生成盐和水，因此它是一种两性氢氧化物。

氢氧化铝的主要用途

氢氧化铝是用量最大和应用最广的无机阻燃添加剂。它作为阻燃剂不仅能够阻燃，还能防止发烟、不产生滴下物、不产生有毒气体，因此应用比较广泛，使用量也在逐年增加。

合成橡胶

氢氧化铝的使用范围

氢氧化铝在热固性塑料、热塑性塑料、合成橡胶、涂料及建材等行业应用广泛。同时，氢氧化铝也是电解铝行业所必需的氟化铝的基础原料，十分重要。

氢氧化铝的医疗作用

氢氧化铝在医疗上，常常用于治疗胃酸过多。胃酸的主要成分是盐酸，利用氢氧化铝与胃酸反应生成无毒无害的氯化铝排出体外。

我会好好帮助你摆脱胃酸的，虽然我和其他药物一样尝起来苦兮兮的，但是我的效果好着呢！

氢氧化铝是典型常用的抗酸药，具有抗酸、吸着、局部止血和保护溃疡面等作用。氢氧化铝对胃内已经存在的胃酸起到中和或者缓冲的化学反应，但是对胃酸的分泌没有直接影响，其抗酸作用缓慢而持久。

阅读大视野

长期大剂量服用氢氧化铝药物可能产生以下不良反应：一是可致严重便秘，粪结块引起肠梗阻。二是老年人长期服用，可致骨质疏松。三是肾功能不全患者服用后，可能引起血铝或者血镁升高。

铁及其化合物

铁是一种金属元素，元素符号是Fe，原子序数是26，在元素周期表中位于第四周期、第Ⅷ族，它是人们生活中不可缺少的一种金属元素。

生锈的铁

常温时，铁在干燥的空气里不会轻易与氧、硫、氯等非金属单质发生反应，如果有杂质，在潮湿的空气中更容易锈蚀，铁在有酸、碱或者盐溶液存在的湿空气中生锈更快。

铁与氧气反应

在高温时，铁在纯氧中燃烧会剧烈反应，火星四射，生成Fe_3O_4，铁在氧气中燃烧火星四射是因为铁丝中一般都含有少量碳元素，但是纯铁燃烧基本上不会有火星四射的现象。

我在潮湿的环境中很容易受到伤害，你要保护好我，我才会卖力为你工作哦！

铁的性质

　　铁在生活中分布较广，占地壳含量的4.75%，仅次于氧、硅、铝，位居地壳含量第四。纯铁是带有银白色金属光泽的金属晶体，具有良好的延展性和导电、导热性能，有很强的铁磁性，属于磁性材料。

　　铁是比较活泼的金属，在金属活动顺序表里排在氢的前面，它是一种良好的还原剂。铁在空气中不能燃烧，在氧气中却可以剧烈燃烧。

铁的用途

　　铁与少量碳制成合金，也就是钢，磁化之后不容易去磁，是优良的硬磁材料，同时也是非常重要的工业材料，还是人造磁的主要原料。

铁的制备方法

　　单质铁的制备一般采用冶炼法。以赤铁矿或者磁铁矿为原料，与焦炭和助溶剂在熔矿炉内反应，焦炭燃烧产生二氧化碳，二氧化碳与过量的焦炭接触就生成一氧化碳，一氧化碳和矿石内的氧化铁作用就会生成金属铁。

铁的主要用途

　　铁可以用于制药、农药、粉末冶金、热氢发生器、凝胶推进剂、燃烧活性剂、催化剂、水清洁吸附剂、烧结活性剂、粉末冶金制品、各种机械零部件制品、硬质合金材料制品等。

纯铁的用途

纯铁能够用于制作发电机和电动机的铁芯，还原铁粉可以用于粉末冶金，钢铁用于制造机器和工具。此外，铁及其化合物还能够用于制磁铁、药物、墨水、颜料、磨料等。

人体中的铁

　　铁元素也是构成人体不能缺少的元素之一。成人体内约有4至5克铁，其中72%以血红蛋白、3%以肌红蛋白、0.2%以其他化合物形式存在，其余为储备铁。储备铁大概占25%，通常以铁蛋白的形式在肝、脾和骨髓中储存。

> 我就像是一辆磁悬浮列车，车里面的氧都是我的乘客，我们一直为保持你的身体健康努力运转呢！

铁的参考摄入量

　　成人铁的日摄取量是10至15毫克。妊娠期妇女则需要30毫克。1个月内，女性所流失的铁大约为男性的两倍，吸收铁时还需要吸收铜、钴、锰、维生素C等。

人体必需的微量元素铁

铁是人体必需的微量元素，是血红蛋白的重要部分，人全身都离不开它。铁可以存在于向肌肉供给氧气的红细胞中，也是许多酶和免疫系统化合物的成分。

铁的利用

铁在代谢过程中可以反复被利用。除了肠道分泌排泄和皮肤、黏膜上皮脱落会损失一定数量的铁之外，几乎没有其他途径的丢失。

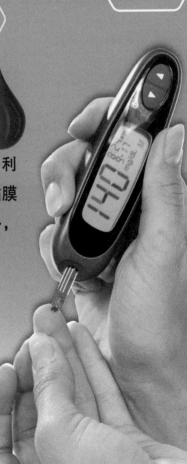

参与氧运输的铁

铁对人体的功能表现在许多方面，铁参与氧的运输和储存。红细胞中的血红蛋白是运输氧气的载体，铁还是血红蛋白的组成成分，它能够与氧结合，将氧运输到身体的每一个部分，供人们呼吸氧化，以提供能量、消化食物、获得营养等。

铁能够促进发育

铁能够增加人体对疾病的抵抗力，调节组织呼吸，防止疲劳，构成血红素，预防和治疗因为缺铁而引起的贫血，使皮肤恢复良好的血色。

缺铁的后果

缺铁会导致贫血，严重的时候甚至会增加儿童和母亲的死亡率，使机体工作能力明显下降。缺铁还有可能导致心理活动和智力发育受到损害以及行为改变。

铁过量的表现

通过各种途径进入体内的铁量的增加，都有可能导致铁在人体内贮存过多，引发铁在体内潜在的有害作用，引发多种疾病，比如心脏和肝脏疾病、糖尿病、某些肿瘤等。

我的力量有限，如果你摄入过量，我就控制不住多余的部分，它们会在你的身体里兴风作浪哦！

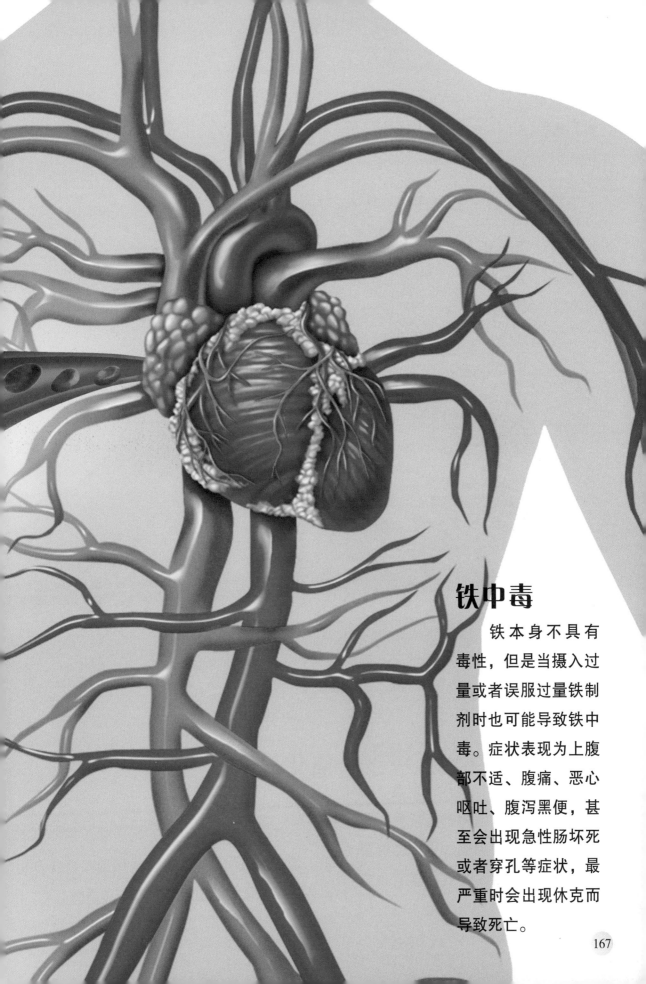

铁中毒

铁本身不具有毒性，但是当摄入过量或者误服过量铁制剂时也可能导致铁中毒。症状表现为上腹部不适、腹痛、恶心呕吐、腹泻黑便，甚至会出现急性肠坏死或者穿孔等症状，最严重时会出现休克而导致死亡。

氧化亚铁

氧化亚铁是一种无机物，是铁的氧化物之一，化学式为FeO。它一般是黑色粉末，矿物形式为方铁矿。它的性质不稳定，但是不溶于水，也不会与水发生反应。

虽然我和氧化亚铁只差了一个字，但是我们的性质千差万别，你要分清楚哦！

氧化亚铁的主要用途

氧化亚铁可以被用作色素，在化妆品和刺青墨水中都有应用。它也常常应用于瓷器制作中，能够使釉呈现绿色。但是它容易被氧化成四氧化三铁。

氧化铁

氧化铁是一种无机物，化学式是Fe_2O_3，一般是红色或者深红色无定形粉末。它不溶于水，溶于盐酸和硫酸，微溶于硝酸。遮盖力和着色力都非常强，没有油渗性和水渗性。

168

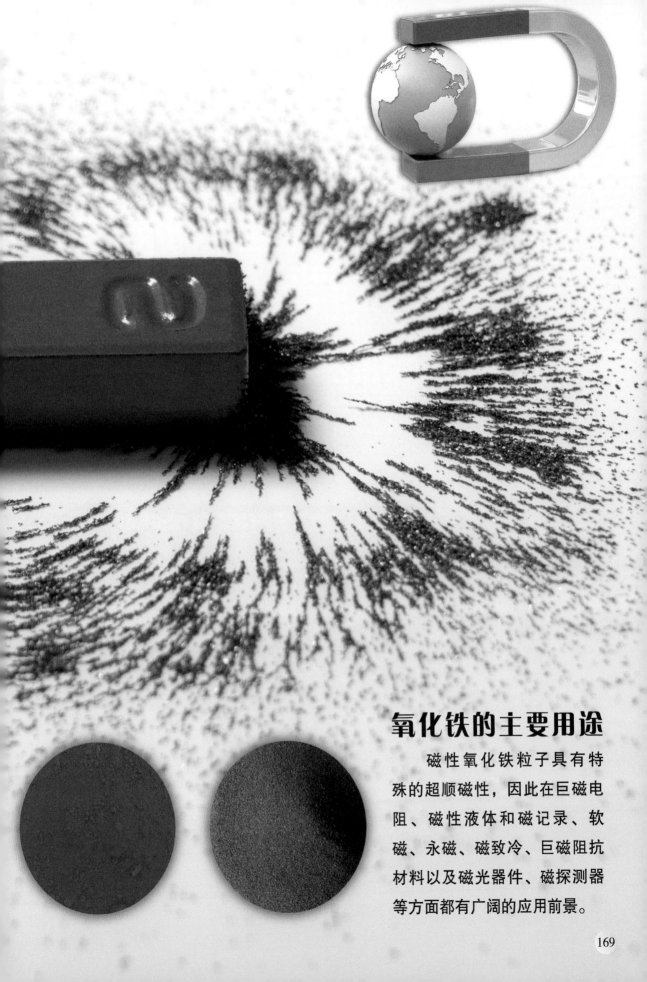

氧化铁的主要用途

　　磁性氧化铁粒子具有特殊的超顺磁性，因此在巨磁电阻、磁性液体和磁记录、软磁、永磁、磁致冷、巨磁阻抗材料以及磁光器件、磁探测器等方面都有广阔的应用前景。

氧化铁的具体应用

录像磁带一般使用针状铁或者氧化铁磁性超微粒，而纳米氧化铁是新型磁记录材料。软磁铁氧体在广播电视、自动控制、宇宙航行、雷达导航、测量仪表、计算机、印刷、家用电器以及生物医学领域等得到广泛应用。

氧化铁用作颜料

氧化铁作为颜料可以广泛应用于高档汽车涂料、建筑涂料、防腐涂料、粉末涂料等。它是较好的环保涂料，全世界氧化铁颜料的年用量超过100万吨，仅次于钛白，位居无机颜料的第二位。

用氧化铁作为颜料，既能够保持一般无机颜料良好的耐热性、耐候性和吸收紫外线等优点，又能够很好地分散在油性载体中，具有令人满意的透明度。

氧化铁作为玻璃着色剂

氧化铁是玻璃生产中常用的着色剂。氧化铁着色的玻璃不仅能吸收紫外线还能吸收红外线，所以广泛用于制造吸热玻璃、太阳镜玻璃、工业防护眼镜玻璃以及军用防红外涂料等。

氧化铁作为木材着色剂

国外也大量使用氧化铁颜料作为木材涂装的着色剂及保护剂。使用透明氧化铁颜料代替传统颜料可以保留木材清晰的木纹，而本身很高的耐光性又能够使家具颜色经久不变，起到保护木材的作用。

你是不是没想到我还能为玻璃上色？只要你仔细研究，就会发现这不过是我无数用处中的一个哦！

纳米氧化铁

纳米氧化铁在药用胶囊、药物合成、生物医学技术等领域发挥着重要的作用。除了在磁性材料、颜料、催化领域、生物医学领域得到应用外，在其他领域中也有开阔的应用前景。

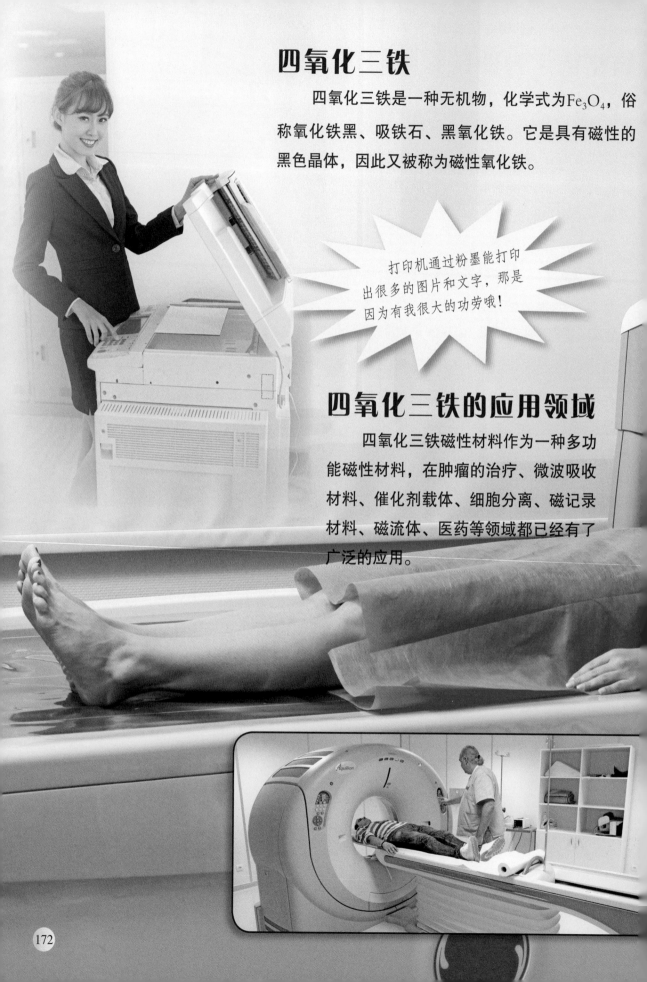

四氧化三铁

　　四氧化三铁是一种无机物，化学式为Fe_3O_4，俗称氧化铁黑、吸铁石、黑氧化铁。它是具有磁性的黑色晶体，因此又被称为磁性氧化铁。

　　打印机通过粉墨能打印出很多的图片和文字，那是因为有我很大的功劳哦！

四氧化三铁的应用领域

　　四氧化三铁磁性材料作为一种多功能磁性材料，在肿瘤的治疗、微波吸收材料、催化剂载体、细胞分离、磁记录材料、磁流体、医药等领域都已经有了广泛的应用。

四氧化三铁的抗腐蚀效果

　　Fe_3O_4有抗腐蚀效果，比如钢铁制件的发蓝就是利用碱性氧化性溶液的氧化作用，在钢铁制件表面形成一层蓝黑色或者深蓝色Fe_3O_4薄膜，以用于增加抗腐蚀性、光泽和美观。

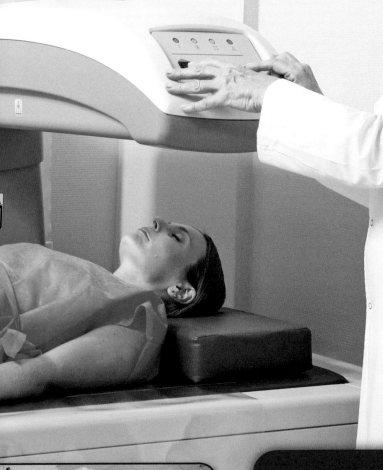

阅读大视野

　　铁制物件最早发现于公元前3500年的古埃及。它们包含7.5%的镍，表明它们来自流星。古代小亚细亚半岛，也就是现今土耳其的赫梯人，是第一个从铁矿石中熔炼铁的，约公元前1500年这种新的、坚硬的金属给了他们经济和政治上的力量。铁器时代开始了。

原电池

原电池是指通过氧化还原反应产生电流的装置，或者是指将化学能转变成电能的装置。有的原电池构成的是可逆电池，有的原电池则不属于可逆电池。

原电池工作原理

原电池反应属于放热的反应。当它放电的时候，还原剂在负极上失电子发生氧化反应，电子通过外电路输送到正极上，氧化剂在正极上得电子发生还原反应，进而完成还原剂和氧化剂之间电子的转移。

原电池的形成条件

原电池的形成条件包括以下几个。首先电极材料由两种活泼性不同的金属或者是由金属与其他导电的材料组成；然后需要有电解质存在；最后两个电极之间有导线连接，形成闭合回路。

满足下面的条件我就会立刻出现了，不过还有一个前提你一定要知道，那就是总反应必须是自发的化学反应哦！

铜锌原电池

铜锌原电池又被称为丹尼尔电池，它的正极是铜板，浸在硫酸铜溶液中。负极是锌板，浸在硫酸锌溶液中。两种电解质溶液用盐桥连接，两极用导线相连，就组成了原电池。人们平时使用的干电池，都是按照原电池原理制成的。

原电池的常见电极

原电池常见的电极有活泼性不同的金属，比如锌铜原电池，锌作负极，铜作正极。还有金属和非金属，其中非金属必须能导电，比如锌锰干电池，锌作负极，石墨作正极，以及金属与化合物，比如铅蓄电池，铅板作负极，二氧化铅作正极。

一次电池的构造

原电池氧化还原反应的可逆性很差，放完电后没有办法重复使用，因此又叫作一次电池。它通常由正电极、负电极、电解质、隔离物和壳体构成，能够制成不同形状和尺寸，比较方便使用。

原电池的应用

原电池在工业、农业、国防工业和通信、照明、医疗等部门有比较广泛的应用，而且在日常生活中也常常作为收音机、录音机、照相机、计算器、电子表、玩具、助听器等常用便携电器的电源使用。

原电池的类别

　　原电池通常根据负极活性物质和正极活性物质分为锌锰电池、锌空气电池、锌银电池、锌汞电池、镁锰电池、锂氟化碳电池、锂二氧化硫电池等，其中锌锰电池的产量最大。

常见的原电池

　　锌锰电池的原材料来源丰富、工艺简单，同时又具有价格便宜、使用方便等优点，因此成为近来人们使用最多、最广泛的电池品种。

锂原电池

锂原电池又称为锂电池，是以金属锂为负极的电池的总称。锂的电极电势最负，相对分子质量最小，导电性良好，因此能够制成一系列贮存寿命长、工作温度范围宽的高能电池，在军事、空间技术等特殊领域都有应用。

希望你能早点想出更多更好的办法来帮助我解决腐蚀问题，那样我才会像小蜜蜂一样更加轻快上进呢！

蓄电池

蓄电池在放电过程中属于原电池反应。放电后，能够用充电的方式使内部活性物质再生，把电能储存为化学能，需要放电时再次把化学能转换为电能，因此又被称为二次电池。

原电池腐蚀

原电池腐蚀又被称为电偶腐蚀或者双金属腐蚀。它是由相互接触的两种不同金属材料与周围导电溶液组成原电池而引起的电化学腐蚀。

减轻原电池腐蚀的措施

　　原电池的腐蚀在日常生活中十分常见，人们常常会采取一些必要的措施来控制或者减轻原电池的腐蚀。比如选用相同材料或者自然电势相近的材料制作整体结构，尽量避免或者消除形成原电池腐蚀的可能因素。

　　减轻原电池腐蚀的措施还有避免不同金属材料直接接触，尤其是自然电势相差较大的材料，尽量让两者之间保持良好的绝缘。还可以尽量减小阴极区的相对面积，比如在阴极区面上涂漆覆盖等。

阅读大视野

　　原电池的发明历史可以追溯到18世纪末期，意大利生物学家伽伐尼曾经做过著名的青蛙实验，当他用金属手术刀接触蛙腿时，发现蛙腿会抽搐。伏特认为这是金属与蛙腿组织液之间产生的电流刺激造成的。1800年，伏特根据这个原理设计出了被称为伏打电堆的装置，锌为负极，银为正极，用盐水作电解质溶液。1836年，丹尼尔发明了世界上第一个实用电池，并用于早期铁路信号灯。

烃类化合物

烃类化合物是碳氢化合物的统称，一般是指由碳与氢原子所构成
的化合物，它主要包含烷烃、环烷烃、烯烃、炔烃、芳香烃等。

烷烃

烷烃又称为石蜡烃，是碳原子以单键相连接的链状碳氢化合物的统称。"烷"字表示碳原子间没有不饱和键，与之连接的氢原子数目达到了最大限度。烷烃分为环烷烃和链烷烃。

烷烃的物理性质

烷烃的碳原子数小于或者等于4时，在常温下呈气态，而其他烷烃常温下呈现固态或者液态。烷烃一般都不溶于水，易溶于有机溶剂。随着碳原子数的增加，烷烃的沸点逐渐升高，相对密度逐渐增大，但是烷烃的密度一般小于水的密度。

烷烃的化学式

从甲烷开始，每增加一个碳原子就会相应地增加两个氢原子，因此烷烃的通式为 C_nH_{2n+2}，其中n表示碳原子的数目，理论上n可以很大，但是已知烷烃n的数值大约在100以内。

烷烃的习惯命名法

比较简单的烷烃通常用习惯命名法命名，也就是按照碳原子数目多少来命名。通常用甲、乙、丙、丁、戊、己、庚、辛、壬、癸等表示碳原子数目。比如CH_4被称为甲烷，C_2H_6被称为乙烷等。

烷烃的系统命名法

比较复杂的烷烃用系统命名法进行命名。首先选取含碳原子数最多的碳链作为主链，然后根据主链碳原子的位次确定取代基的位次，尽量使位次最小，然后进行编号，从而命名。如果含有不同取代基，命名方法也会更加复杂。

丙烷

我是一个万能的小能手，不管什么样的烷烃，来到我面前也要乖乖听话哦！

烷烃的熔点

固体分子的熔点也会随着碳原子的增多而升高，只是不像沸点变化那样有规律，同系列C_1到C_3不是十分有规律，但是C_4以上的基本都随着碳原子数的增加而升高。

烷烃的沸点

正烷烃的沸点随着分子量增加有规律地升高。分子间引力的大小决定了液体沸点的高低，分子间引力越大，使之沸腾就必须提供更多的能量，所以沸点就越高。

烷烃的密度

烷烃的密度随着相对分子质量增大而增大，这也是分子间相互作用力的结果。分子间引力增大，分子间的距离相应减小，相对密度就会增大。密度增加到一定数值后，相对分子质量增加，但是密度变化很小。

有机化合物甲烷

甲烷是一种有机化合物，分子式是CH_4。它是最简单的有机物，也是含碳量最小、含氢量最大的烃。甲烷在自然界中分布广泛，是天然气、沼气、坑气等的主要成分，俗称瓦斯。

甲烷的应用

甲烷主要作为燃料，比如天然气和煤气，广泛应用于民用和工业中。它还可以作为化工原料，用来生产乙炔、氢气、合成氨、二硫化碳、一氯甲烷、四氯化碳和氢氰酸等。

甲烷的性质

通常情况下，甲烷比较稳定，与高锰酸钾等强氧化剂不会发生反应，与强酸、强碱也不会发生反应。但是在特定条件下，甲烷也会发生某些反应。

植物和落叶产生的甲烷

科学家研究发现，植物和落叶都能够产生甲烷，而且甲烷的生成量会随着温度和日照的增强而增加。另外，植物产生的甲烷通常是腐烂植物产生甲烷的10到100倍。

甲烷的取代反应

甲烷由一个碳原子和四个氢原子组成，它是一种无色、无味、易燃的气体，它的四个氢原子可以被其他原子或分子取代，形成不同的化合物。氯代反应就是甲烷的一种取代反应，其中氯原子取代了其中一个氢原子。在这个反应中，氯气和甲烷在紫外光的作用下反应，生成氯甲烷和氢氯酸。氯代反应是一种重要的有机反应，可以用于制备氯代烷类化合物。

甲烷氯化反应的特点

氯化反应的特点是在室温阴暗处不发生反应，高于250℃发生反应，或在室温有光作用下发生反应。用光引发反应，吸收一个光子就能产生几千个氯甲烷分子。

甲烷的氧化反应

甲烷最基本的氧化反应就是燃烧。甲烷的含氢量在所有烃中最高，达到了25%。因此相同质量的气态烃完全燃烧，甲烷的耗氧量最高。它燃烧的时候会发出淡蓝色的火焰。

甲烷加热分解

在隔绝空气并且加热至1000℃的条件下，甲烷分解会生成炭黑和氢气。炭黑是橡胶工业的原料，氢气是合成氨及汽油等的工业原料。

可燃冰

　　甲烷可以形成笼状的水合物，甲烷被包裹在"笼"里，也就是我们常说的可燃冰。可燃冰主要存在于海底或者寒冷地区的永久冻土带，比较难以寻找和勘探。

甲烷温室效应

　　甲烷导致地球表面的温室效应不断增强。研究发现，甲烷是一种比二氧化碳对大气影响更大的温室气体，与二氧化碳相比，相同质量的甲烷导致的变暖强度远高于二氧化碳。大气中的甲烷浓度每增加一倍，甲烷所产生的温室效应比二氧化碳高20倍。

甲烷的应用

　　甲烷可以用作热水器、燃气炉热值测试标准燃料，它还能用来生产可燃气体报警器的标准气、校正气。甲烷还能用作太阳能电池，非晶硅膜气相化学沉积的碳源，以及医药化工合成的生产原料。

甲烷的主要来源

甲烷是一种可燃性气体，可以通过人工制造。在石油用完之后，甲烷将会成为重要的能源。它的主要来源包括有机废物的分解和天然源头，比如沼泽的提取。

从化石燃料中能够提取甲烷，动物的消化过程也会产生甲烷，稻田之中的细菌以及生物物质缺氧加热或者燃烧也是产生甲烷的一种方式。

我的性格最是顽强，我会抓住一切机会从自然界中出生，来享受蓬勃的生机啊！

细菌分解法制备甲烷

将有机质放入沼气池中，控制好温度和湿度，甲烷菌迅速繁殖后能够将有机质分解成甲烷、二氧化碳、氢、硫化氢、一氧化碳等，其中甲烷占60%至70%。经过低温液化，将甲烷提取出来，可以制得廉价的甲烷。

合成法制备甲烷

将二氧化碳与氢在催化剂作用下，生成甲烷和氧，再提纯。化学式为$CO_2+2H_2 \Longrightarrow CH_4+O_2$，将碳蒸汽直接与氢反应，一样能制得高纯的甲烷。

甲烷的储存

甲烷必须储存在阴凉通风的库房，远离火种和热源。库房中的温度不宜超过30℃。需要注意的是要与氧化剂等分开存放，切忌混储。储存的时候采用防爆型照明、通风设施，禁止使用易产生火花的机械设备和工具等。

尽管我没有什么毒性，但是你也不要掉以轻心，一定要尽量远离高浓度的我，因为那个时候我也控制不住自己呀！

甲烷的危害

甲烷对人基本没有毒性，但是浓度过高的时候，空气中氧气的含量会明显降低，使人窒息。皮肤接触液化的甲烷，会导致冻伤。

当空气中甲烷的含量达到25%至30%的时候，会引起头痛、头晕、乏力、注意力不集中、呼吸和心跳加速、共济失调等症状。如果不及时远离，会导致窒息死亡。

乙烷

乙烷是烷烃同系列中第二个成员，结构式为CH_3CH_3。乙烷在某些天然气中含量为5%至10%，仅次于甲烷，而且以溶解状态存在于石油中。

乙烷的物理性质

乙烷是无色无臭的气体，它的相对蒸汽密度略微大于空气。乙烷不溶于水，但是微溶于乙醇、丙酮，溶于苯，与四氯化碳互溶。

乙烷的化学性质

乙烷是低级烷烃的一种，能够发生很多烷烃的典型反应，比如卤化反应、硝化反应等。乙烷能够燃烧，当它完全燃烧的时候，会生成水和二氧化碳，同时放出大量热。

乙烷的应用

乙烷可以在冷冻设施中作为制冷剂使用。在科学研究中液态的乙烷在电子显微技术中被用来使得含水量高的样本透明化，使样本迅速冻结，不会形成晶体，同时也不会破坏液态水中软物质的结构。

丙烷

丙烷是一种化合物，化学式为 $CH_3CH_2CH_3$。它是无色、能液化的气体，微溶于水，溶于乙醇、乙醚。丙烷与空气混合后会形成爆炸性混合物。

我有三个碳原子，所以我的名字叫丙烷，如果有八个碳原子，你猜猜我叫什么烷？

丙烷化学性质

丙烷一般都存在于天然气及石油热解气体中。它的化学性质比较稳定，不容易发生化学反应。它可以用作冷冻剂、内燃机燃料或者有机合成原料等。

丙烷易燃

丙烷是易燃气体，遇热源和明火有燃烧爆炸的危险。它与氧化剂接触之后会发生剧烈反应。丙烷比空气重，因此能够在较低处扩散到相当远的地方，遇到火源会着火回燃。

丙烷的燃烧反应

和其他烷烃一样，丙烷能够在充足的氧气下燃烧，生成水和二氧化碳。但是当氧气不足的时候，丙烷燃烧就会生成水和一氧化碳。

丙烷的单纯性窒息作用

丙烷有单纯性窒息及麻醉作用。当人短暂接触浓度为1%的丙烷时，不会引起异常症状。接触10%以下浓度的丙烷，只会引起轻度头晕。接触高浓度丙烷时，会呈现麻醉状态、意识丧失。接触极高浓度丙烷时，会导致窒息。

虽然我的毒性不够强，但是当我的浓度足够高的时候，你们谁都不敢在我面前放肆！

丙烷的急性中毒症状

丙烷急性中毒的时候，会出现头晕、头痛、兴奋或者嗜睡、恶心、呕吐、脉缓等症状，严重者还可能突然倒下、尿失禁、意识丧失，甚至呼吸停止。

低浓度丙烷的危害

长期接触低浓度丙烷的人，会出现头痛、头晕、睡眠不佳、容易疲劳、情绪不稳定以及自主神经功能紊乱等症状。液态丙烷还有可能导致皮肤冻伤。

丙烷的主要用途

丙烷用于有机合成。可以用作生产乙烯和丙烯的原料或者炼油工业中的溶剂。丙烷、丁烷和少量乙烷的混合物液化后可以用作民用燃料，即液化石油气。

丙烷是一种价格低廉的常用燃料，十分符合环保要求。丙烷燃烧后主要产生水蒸气和二氧化碳，不会对环境造成污染。更重要的是，丙烷可以适应比较宽的温度范围，在-40℃时仍能产生1个以上饱和蒸气压，高于外界大气压，形成燃烧。

丙烷的储存条件

储存丙烷的条件和储存甲烷的条件基本相同。应当储存于阴凉、通风的库房，要远离火种和热源，库温不宜超过30℃。储存区应该配备泄漏应急处理设备。应当在压缩后，以液体状态储存于钢瓶中。

丁烷

正丁烷是一种有机化合物，化学式为C_4H_{10}，它是无色气体，带有轻微的刺激性气味。在常温加压下溶于水，易溶于醇、氯仿。油田气、湿天然气和裂化气中都含有正丁烷，经过分离可以得到。

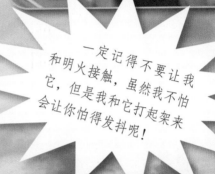

丁烷的化学性质

丁烷易燃，与空气混合能够形成爆炸性混合物，遇到热源和明火会有燃烧爆炸的危险。它与氧化剂接触会发生剧烈反应。气体比空气重，遇火源会着火回燃。

一定记得不要让我和明火接触，虽然我不怕它，但是我和它打起架来会让你怕得发抖呢！

丁烷的应用领域

正丁烷除了能够直接用作燃料外，还可以用作亚临界生物技术提取溶剂、制冷剂和有机合成原料。在高温下经催化可以制取二硫化碳，经过水蒸气转化可以制取氢气。

阅读大视野

有机化合物种类繁多，数目庞杂，需要一个命名方法来区分各个化合物。中国的命名法是中国化学会结合IUPAC的命名原则和中国文字特点而制订的，在1960年修订了《有机化学物质的系统命名原则》，在1980年又加以补充，出版了《有机化学命名原则》增订本。

烯烃

烯烃是指含有碳碳双键的碳氢化合物，又分为链烯烃与环烯烃，属于不饱和烃。一般根据碳碳双键的数量为烯烃命名，如单烯烃、二烯烃等。

烯烃的概念

单链烯烃分子通式为C_nH_{2n}。它含有的双键基团是烯烃分子中的官能团，具有反应活性，可以发生氢化、卤化、水合、聚合等反应，还可以氧化使双键断裂，生成羧酸等。

烯烃的系统命名法

比较复杂的烯烃用系统命名法进行命名。首先选取含碳原子数最多的碳链作为主链，然后根据主链碳原子的位次确定取代基的位次，尽量使位次最小，然后进行编号，从而命名。如果含有不同取代基，命名方法也会更加复杂。

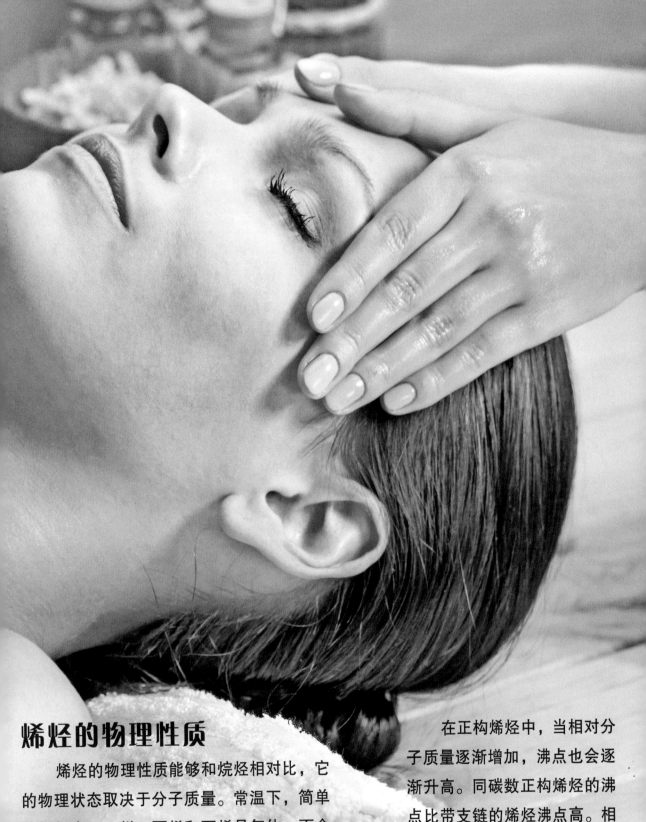

烯烃的物理性质

烯烃的物理性质能够和烷烃相对比，它的物理状态取决于分子质量。常温下，简单的烯烃中，乙烯、丙烯和丁烯是气体，而含有5至18个碳原子的直链烯烃都是液体，更高级的烯烃呈现蜡状固体。

在正构烯烃中，当相对分子质量逐渐增加，沸点也会逐渐升高。同碳数正构烯烃的沸点比带支链的烯烃沸点高。相同碳架的烯烃，双键如果由链端移向链中间，那么沸点和熔点都会有所增加。

烯烃的化学性质

烯烃的化学性质比较稳定，但是一般比烷烃活泼。烯烃中的碳碳双键比烷烃中的碳碳单键强，因此大多数烯烃反应都和双键断开形成两个新的单键有关。烯烃的特征反应都发生在官能团C=C和C_H上。

烯烃的加氢反应

烯烃与氢作用生成烷烃的反应被称为加氢反应，又称为氢化反应。加氢反应的活化能非常大，在加热条件下也难发生，当有催化剂作用的时候，反应能够顺利进行，因此称为催化加氢。在有机化学中，加氢反应又被称为还原反应。

想要我出现就必须给我很多很多能量，如果做不到，那就多给我一些催化剂吧！

加氢反应的催化剂

加氢反应的催化剂一般都是过渡金属，常常将这些催化剂粉浸渍在活性炭和氧化铝颗粒上。催化剂不同的时候，反应条件也有所不同，有的常压下就能反应，有的需在压力下进行。工业上一般都会用多孔的骨架镍作为催化剂。

加氢反应的应用

加氢反应的转化率接近100%，产物容易纯化。它在工业上有非常重要的应用。比如石油加工得到的粗汽油一般都是用加氢的方法除去烯烃，得到加氢汽油，提高油品的质量。人们还常常将不饱和脂肪酸酯氢化制备人工黄油，提高食用价值。

烯烃与卤素的反应

　　烯烃容易与卤素发生反应，是制备邻二卤代烷的主要方法。它的反应符合不对称烯烃加成规律。也就是说当烯烃是不对称烯烃时，酸的质子一般加到含氢较多的碳上，负性离子则会加到含氢较少的碳原子上。烯烃不对称性越大，不对称加成规律越明显。

烯烃的制取

　　烯烃可以由卤代烷与氢氧化钠醇溶液反应制得，也可以由醇失水或者由邻二卤代烷与锌反应制得。小分子烯烃主要来自石油裂解气。环烯烃在植物精油中存在比较多，可以用作香料。

烯烃的合成来源

　　最常用的工业合成途径是石油的裂解作用。烯烃可以通过酒精的脱水合成，比如乙醇脱水生成乙烯。也可以由羰基化合物通过一系列反应合成，比如乙醛和酮。

乙烯

乙烯是由两个碳原子和四个氢原子组成的化合物，化学式为C_2H_4，两个碳原子之间以双键连接。它一般存在于植物的某些组织、器官中，是由蛋氨酸在供氧充足的条件下转化而成的。

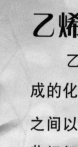

我就是烯烃中的最强者，没有谁的名字能够比我更响亮！

乙烯的物理性质

一般情况下，乙烯是一种无色气体，稍微带有烃类特有的臭味，也有少量乙烯具有淡淡的甜味。它的密度比空气略小，难溶于水，易溶于四氯化碳等有机溶剂。

乙烯的化学性质

乙烯在常温下非常容易被氧化剂氧化，比如将乙烯通入酸性高锰酸钾溶液，溶液的紫色会褪去，乙烯被氧化为二氧化碳。人们常常用这种办法来鉴别乙烯。

乙烯的氧化反应

乙烯非常容易燃烧，它和氧气发生反应会生成二氧化碳和水，同时放出大量的热。乙烯燃烧的现象为火焰明亮，同时产生黑烟。

乙烯的主要用途

乙烯是重要的有机化工基本原料，主要用于生产聚乙烯、乙丙橡胶、聚氯乙烯等，还可以用作石化企业分析仪器的标准气，有的时候还会用于医药合成和高新材料合成等。

利用乙烯开发出的乙烯利为农业提供了可以实用的乙烯类植物生长调节剂，主要产品有乙烯利、乙烯硅、脱叶膦、环己酰亚胺等，广泛应用于果实催熟、棉花采收前脱叶和促进棉铃开裂吐絮、促进菠萝开花等。

聚乙烯

聚乙烯是乙烯经过聚合制得的一种热塑性树脂，相对分子质量非常大。聚乙烯无臭无毒，手感似蜡，具有优良的耐低温性能，常温下不溶于一般溶剂，吸水性小，电绝缘性优良。

聚乙烯的应用

聚乙烯的用途十分广泛，主要用来制造薄膜、包装材料、容器、管道、单丝、电线电缆、日用品等，而且可以作为电视、雷达等的高频绝缘材料。

自然界的乙烯

乙烯是一种气体激素。成熟的组织释放的乙烯比较少，但是在分生组织，萌发的种子、凋谢的花朵和成熟过程中的果实中乙烯的产量比较大。而且乙烯的积累能够刺激更多乙烯产生。

逆境乙烯

植物在干旱、大气污染、机械刺激、化学胁迫、病害等逆境下，体内的乙烯含量会成几倍或者几十倍地增加，这种在逆境下由植物体产生的乙烯称为应激乙烯或者逆境乙烯。

乙烯对植物的作用

乙烯是一种植物激素。它具有促进果实成熟的作用，一方面能够抑制茎和根的增粗生长、幼叶的伸展、芽的生长，另一方面也能够促进茎和根的扩展生长、不定根和根毛的形成、某些种子的发芽、芽弯曲部形成器官的老化或者脱离等。

乙烯的危害

乙烯具有比较强的麻醉作用，吸入高浓度乙烯之后会立即引起意识丧失。但是吸入新鲜空气之后，很快就会苏醒。乙烯对眼睛和呼吸道黏膜有轻微刺激性。液态乙烯会导致皮肤冻伤。

丙烯

丙烯是一种有机化合物，为无色无臭、略微带有甜味的气体，分子式为C_3H_6。丙烯十分容易燃烧，燃烧的时候会产生明亮的火焰，它不溶于水，溶于有机溶剂，是一种低毒类物质。

丙烯的用途

　　丙烯是三大合成材料的基本原料之一，用量最大的是生产聚丙烯。它还可以用来制备环氧丙烷、异丙醇、苯酚、丙酮、丁醇、辛醇、丙二醇、环氧氯丙烷和合成甘油等物质。

丙烯的危害

　　丙烯属于单纯窒息剂和轻度麻醉剂，如果长时间接触，会表现出头昏、乏力、全身不适、思维不集中等症状，个别人的胃肠道功能也会发生紊乱。

阅读大视野

　　第一个发现植物能够产生一种气体，而且会对邻近植物产生影响的人是卡曾斯，他发现橘子产生的气体能够催熟与其混装在一起的香蕉。直到1934年甘恩首先证明了植物组织确实能够产生乙烯。1966年，乙烯被正式确定为植物激素。

炔烃

炔烃是指分子中含有碳碳三键的碳氢化合物总称，它是一种不饱和脂肪烃，直链炔烃的分子通式为 C_nH_{2n-2}，比较熟知的炔烃化合物有乙炔（C_2H_2），丙炔（C_3H_4）等。

炔烃的性质

简单炔烃的熔点、沸点和密度一般都会比具有相同碳原子数的烷烃或者烯烃高一些。它们不易溶于水，易溶于乙醚、苯、四氯化碳等有机溶剂中，通常会随着分子中碳原子数的增加发生递变。

炔烃的危险性

炔烃非常容易燃烧爆炸，它与空气混合能够形成爆炸性混合物，遇到明火以及高热有可能引起燃烧爆炸，与氧化剂接触也会发生猛烈反应。

乙炔的性质

乙炔的分子式是 C_2H_2，俗称风煤和电石气，是炔烃化合物中体积最小的一员，在室温下是无色易燃的气体，微溶于水，溶于乙醇、苯、丙酮。

纯乙炔是无色带有芳香气味的易燃气体。一般电石制的乙炔中常常会混有硫化氢、磷化氢和砷化氢，因此有毒，而且带有特殊的臭味。

乙炔的化学性质

乙炔是最简单的炔烃，它的结构简式为$CH{\equiv}CH$，最简式为CH。它的化学性质十分活泼，能够发生加成、氧化、聚合及金属取代等反应。

乙炔的氧化反应

乙炔在氧气中燃烧的时候，火焰明亮，带有浓烟，燃烧时火焰温度很高，能够达到甚至超过3000℃，可以用于气焊和气割。燃烧的火焰称为氧炔焰。

乙炔的其他化学特性

乙炔与铜、银、水银等金属或者其盐类长时间接触后，就会生成乙炔铜和乙炔银等爆炸性混合物，受到摩擦、冲击的时候就会发生爆炸。因此，凡是供乙炔使用的器材都不能用银和含铜量70%以上的铜合金制造。

乙炔的毒性

　　纯乙炔属于微毒类，具有弱麻醉和阻止细胞氧化的作用。当它的浓度很高的时候，会排挤空气中的氧，最后引起单纯性窒息作用。

乙炔的运输条件

　　当乙炔处于液态和固态的时候，或者是在气态和一定压力下，有猛烈爆炸的危险。受热、震动、电火花等因素都有可能引发爆炸，因此不能在加压液化后贮存或者运输。

　　你一定要记清楚我的运输条件，一旦哪个环节出现问题，你就会面临财产和生命的双重威胁啊！

　　工业上一般是在装满石棉等多孔物质的钢瓶中，使多孔物质吸收丙酮后将乙炔压入，以便贮存和运输。乙炔钢瓶的颜色通常呈现乳白色，橡胶气管一般是黑色，乙炔管道的螺纹大多是左旋螺纹。

乙炔的主要用途

　　供给适量空气，乙炔能够完全燃烧发出亮白光，在电灯没有普及或者没有电力的地方可以当成照明光源使用。它还是有机合成的重要原料之一。

　　乙炔在高温下会分解为碳和氢，由此可以制备乙炔炭黑。一定条件下乙炔聚合能够生成苯、甲苯、二甲苯、萘、蒽、苯乙烯等芳烃。我们可以通过取代反应和加成反应，利用它生成一系列非常有价值的物质。

阅读大视野

　　"炔"字是新造字，音同"缺"（quē），左边的火取自"碳"字，表示可以燃烧。右边的夬取自"缺"字，表示氢原子数和化合价比烯烃更加缺少，意味着炔是烷（完整）和烯（稀少）的不饱和衍生物。

芳香烃

芳香烃通常是指分子中含有苯环、芳香环结构的碳氢化合物，属于闭链类的一种。芳香烃一般具有苯环基本结构，因为早期发现的这类化合物多有芳香味道而得名。

芳香烃的物理性质

芳香烃不溶于水，但是可以溶于有机溶剂，如乙醚、四氯化碳、石油醚等非极性溶剂。通常情况下芳香烃都比水轻，它们的沸点会随着相对分子质量的升高而升高。

常见的芳香烃

常见的芳香烃有苯、甲苯、乙苯、联苯等。苯是最简单的芳香烃，由六个碳原子构成一个六元环，每个碳原子接一个基团，苯的6个基团都是氢原子，分子式为C_6H_6。它的同系物通式是C_nH_{2n-6}，其中n必须是大于5的正整数。

苯的性质

苯在常温下是可燃且有致癌毒性的无色透明液体，带有甜味和强烈的芳香气味。它难溶于水，易溶于有机溶剂，本身也可作为有机溶剂。苯具有的环系叫作苯环，苯环去掉一个氢原子以后的结构叫作苯基，用Ph表示。

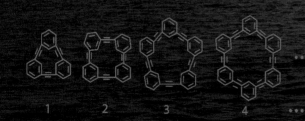

1　　2　　3　　4　……

苯的用途

苯在工业上最重要的用途是做化工原料。它可以合成一系列苯的衍生物。苯是石油化工基本原料，它的产量和生产的技术水平可以说是一个国家石油化工发展水平的标志之一。

虽然你不知道我是谁，但是我一直在你的生活中发挥作用，为你提供便利呢！

甲苯的概念

甲苯是一种无色且带有特殊芳香味的易挥发液体，分子式为C_7H_8，能够与乙醇、乙醚、丙酮、氯仿、二硫化碳等混溶，极微溶于水。它比较易燃，蒸气能够与空气形成爆炸性混合物。

甲苯的用途

甲苯大量用作溶剂和高辛烷值汽油添加剂，也是有机化工的重要原料。由它衍生出的一系列中间体，能够广泛用于染料、医药、农药、火炸药、助剂、香料等方面，也可以用于合成材料工业。

阅读大视野

苯是在1825年由英国科学家法拉第首先发现的。法拉第是第一位对生产煤气剩下的油状液体感兴趣的科学家。他用蒸馏的方法将这种油状液体进行分离，得到另一种液体，实际上就是苯。当时法拉第将这种液体称为"氢的重碳化合物"。

烃的衍生物

烃分子中的氢原子被其他原子或者原子团所取代之后生成的一系列有机化合物被称为烃的衍生物。常见烃的衍生物包括糖类、油脂、蛋白质等。

糖类

　　糖类又称为碳水化合物，我们日常生活中食用的蔗糖、粮食中的淀粉、植物体中的纤维素以及人体血液中的葡萄糖等都属于糖类。

有机化合物糖类

　　糖类在自然界中分布十分广泛，是非常重要的一类有机化合物。它包括多羟基醛、多羟基酮以及能够水解生成多羟基醛或者多羟基酮的有机化合物，一般能够分为单糖、二糖和多糖等。

重要的糖类

　　糖类主要由碳、氢、氧三种元素组成，它是一切生命体维持生命活动所需能量的主要来源。植物最重要的多糖是淀粉和纤维素，而动物最重要的多糖是糖原。

单糖

　　单糖是指不能再进行水解的糖类，是构成各种二糖和分子的基本单位。按照碳原子数目，单糖可以分为丙糖、丁糖、戊糖、己糖等，与人们关系比较紧密的是葡萄糖。自然界中比较多的单糖是戊糖和己糖。

葡萄糖

　　葡萄糖是有机化合物，分子式为$C_6H_{12}O_6$。纯净的葡萄糖是无色晶体，有甜味但是甜味不如蔗糖，易溶于水，微溶于乙醇，不溶于乙醚。

葡萄糖的重要作用

葡萄糖是生物体内新陈代谢不能缺席的重要营养物质。它在生物学领域中同样占有非常重要的位置，它也是活细胞的能量来源和新陈代谢的中间产物，是生物供能的主要物质。

葡萄糖的应用

葡萄糖很容易被吸收到血液中，常常作为人们快速补充能量的主要物质。它还能够加强记忆，刺激钙质吸收和增加细胞间的沟通。工业上，葡萄糖还能用来制作食品、酿酒、制药等。

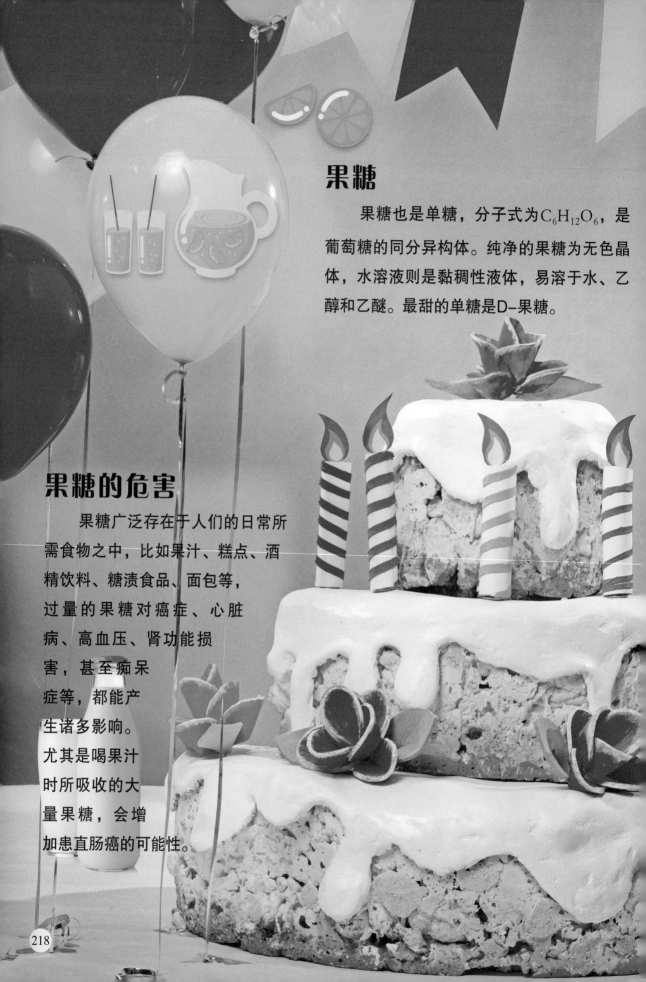

果糖

果糖也是单糖，分子式为$C_6H_{12}O_6$，是葡萄糖的同分异构体。纯净的果糖为无色晶体，水溶液则是黏稠性液体，易溶于水、乙醇和乙醚。最甜的单糖是D-果糖。

果糖的危害

果糖广泛存在于人们的日常所需食物之中，比如果汁、糕点、酒精饮料、糖渍食品、面包等，过量的果糖对癌症、心脏病、高血压、肾功能损害，甚至痴呆症等，都能产生诸多影响。尤其是喝果汁时所吸收的大量果糖，会增加患直肠癌的可能性。

核糖

核糖是一种五碳醛糖，分子式为$C_5H_{10}O_5$，它主要存在于细胞质中，是细胞核的重要组成部分，也是在人类的生命活动中占有重要地位的物质。

半乳糖

半乳糖是单糖的一种，归类为醛糖和己糖，是糖蛋白的重要成分。它是哺乳动物乳汁中乳糖的组成成分，在一些奶类制品和甜菜中也能找到。

我就藏在你身体的细胞中，为你的各项生命活动默默努力，十分低调呢！

脱氧核糖

脱氧核糖是一种有机物，化学式为$C_5H_{10}O_4$，是主要存在于细胞内的戊糖衍生物，也是多核苷酸脱氧核糖核酸的一个重要组成成分。

二糖

二糖又名双糖，它是由两个单糖分子连接后形成的分子相对大一些的糖。在生命活动中占有重要地位的二糖包括蔗糖、乳糖和麦芽糖，它们只有分解为单糖后才能被人体吸收利用。

乳糖

乳糖是由葡萄糖和半乳糖组成的双糖，分子式为$C_{12}H_{22}O_{11}$，它是人类和哺乳动物乳汁中特有的碳水化合物，可以为婴儿的生长发育提供能量，也能参与大脑的发育进程，通常用于制作婴儿食品、糖果、奶油等。

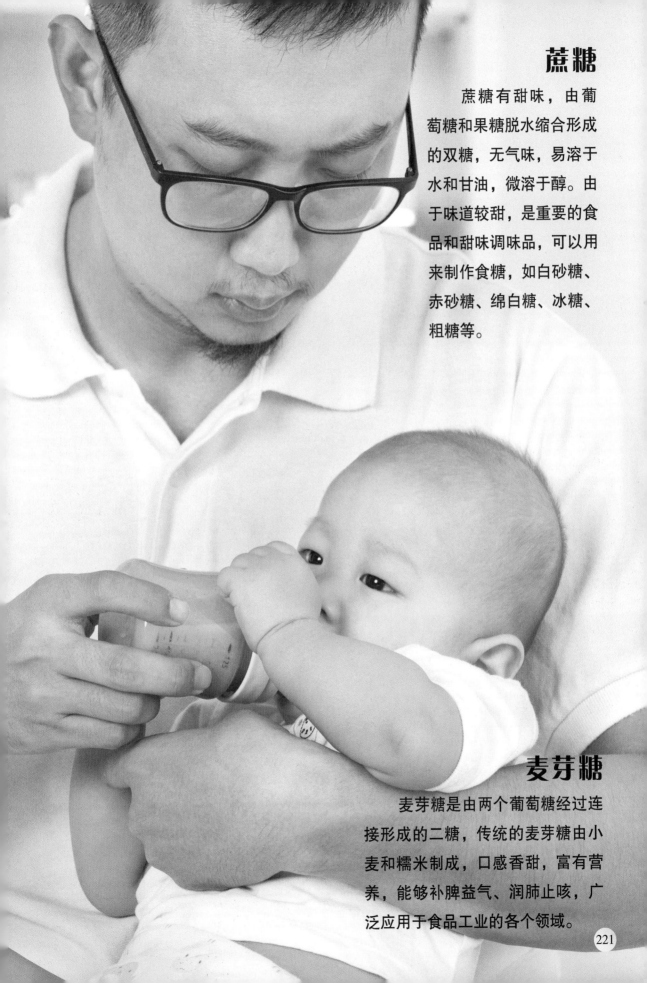

蔗糖

蔗糖有甜味，由葡萄糖和果糖脱水缩合形成的双糖，无气味，易溶于水和甘油，微溶于醇。由于味道较甜，是重要的食品和甜味调味品，可以用来制作食糖，如白砂糖、赤砂糖、绵白糖、冰糖、粗糖等。

麦芽糖

麦芽糖是由两个葡萄糖经过连接形成的二糖，传统的麦芽糖由小麦和糯米制成，口感香甜，富有营养，能够补脾益气、润肺止咳，广泛应用于食品工业的各个领域。

多糖

　　多糖通常是指由糖苷键结合成的糖链，至少要由超过10个单糖组成，是一种聚合糖高分子碳水化合物，一般都用通式$(C_6H_{10}O_5)_n$表示，比较重要的多糖有淀粉、纤维素、糖原等。

淀粉

　　淀粉是高分子碳水化合物，是由单一类型糖单元组成的多糖，分为直链淀粉和支链淀粉两种。淀粉种类繁多，应用广泛，在食品、医疗、制药、纺织、日用化工等行业都有重要的应用。

纤维素

　　纤维素是由葡萄糖组成的大分子多糖，不溶于水和一般有机溶剂。它是植物细胞壁的主要成分，广泛存在于自然界中，是分布最广、含量最多的一种多糖。

你们广告中常常出现的膳食纤维其实就是我，我真的有很多功能，可以帮助你养好身体哦！

纤维素的作用

　　纤维素能够促进肠道蠕动，有利于粪便的排出。它是一种重要的膳食纤维，能够治疗糖尿病、预防和治疗冠心病，同时还有降低血压和抗癌的作用。

糖原

糖原是一种动物淀粉，又称为肝糖或者糖元，是由葡萄糖结合而成的支链多糖，分子式为$C_{24}H_{42}O_{21}$。它在动物的体内有重要作用，在动物体内主要存在于骨骼肌和肝脏之中，其他大部分组织如心肌、肾脏、脑等也含有少量的糖原。

糖原的作用

糖原在体内酶作用下的合成和分解能够帮助维持血糖正常水平，细菌中的糖原能够用来供能和供碳。体内的肌糖原分解可以为肌肉收缩提供能量，而肝糖原的分解主要用来维持血糖浓度。

阅读大视野

糖原累积病是一种因为先天性酶缺陷导致的糖原代谢障碍疾病。这种病症属于遗传性疾病，患儿出生时就会出现肝脏肿大的状况。随着年龄增长，患者会出现明显的低血糖症状，比如软弱无力、出汗、呕吐、惊厥和昏迷，而且会出现酮症酸中毒的状况，治愈起来较难。

油脂

　　油脂属于烃的衍生物。从化学成分上来讲油脂是高级脂肪酸与甘油形成的酯，它的主要功能是贮存和供应热能。

油脂的概念

　　油脂是油和脂肪的统称，一般情况下将液体称为油，将固体称为脂肪。油是不饱和高级脂肪酸甘油酯，脂肪是饱和高级脂肪酸甘油酯。

油脂的分布

油脂广泛存在，除了各种植物的种子之外，动物的组织和器官中也都存在一定数量的油脂，尤其是油料作物的种子和动物皮下的脂肪组织，油脂含量十分丰富。

人体中的油脂

　　人体中的脂肪大概是体重的10%至20%，是帮助人体维持生命活动的备用能源。当人体摄入的食物能量不够的时候，就会消耗脂肪来提供能量。

你肚子上面有很多肉肉，其实它们大部分都是由我组成的哦！

油脂的作用

脂肪是密度最高的食物营养素，能够提供能量。人体中含有的一些脂肪酸是保持健康不可缺少的成分，比如有的脂肪酸能够起到维持免疫和心血管功能的作用。

必需脂肪酸

必需脂肪酸是指人体不能合成，但是在人体活动中必不可少，需要从食物中摄取的脂肪酸，比如亚油酸、亚麻酸和花生四烯酸等。

阅读大视野

油脂是食物组成中不可缺少的一部分，也是同质量产生能量最高的营养物质。通常情况下，1g油脂在完全氧化的时候，能够放出大约39焦耳的热量，大约是糖或者蛋白质的2倍。而成人每日食用50至60g脂肪，能够供给日需热量的20%至25%。

蛋白质

蛋白质是生命的物质基础，是生命活动的主要承担者，是组成人体一切细胞、组织的重要成分。机体所有重要的组成部分，都需要有蛋白质的全程参与。

蛋白质的组成元素

蛋白质是由氨基酸组成的多肽链经过盘曲折叠形成的具有一定空间结构的物质。蛋白质中一定含有碳、氢、氧、氮元素，也有可能含有硫、磷等元素。

蛋白质系数

一切蛋白质都含有氮元素，并且每种蛋白质中氮元素的含量十分相近，平均为16%。也就是说，1份氮素相当于6.25份蛋白质，因此6.25常常被称为蛋白质常数。

如果你想要长高高的话，一定要保证自己每天都摄入足够的蛋白质，结果一定会让你感到惊喜哦！

蛋白质变性

当蛋白质受到热、酸、碱、重金属盐、紫外线等作用，就会发生性质上的改变，从而凝结起来，不能再恢复成原来的蛋白质，也就失去了原本的生理作用。这种过程是不可逆的，因而被称为蛋白质变性。

蛋白质的作用

蛋白质在体内经过消化，被水解成氨基酸吸收后，能够合成人体所需的蛋白质，它与青少年的生长发育、孕产妇的优生优育、老年人的健康长寿，都有着十分密切的关系。

蛋白质过量的危害

蛋白质过量就会加重身体代谢负担，对于肾脏功能也有严重影响。一旦它在体内转化为脂肪，就会提高血液酸性，容易加速骨骼中钙质的丢失，最终造成骨质疏松。

蛋白质缺乏的症状

蛋白质缺乏的常见症状是代谢率下降，对疾病抵抗力减退，十分容易患病。比如儿童的生长发育迟缓、营养不良、体质下降，容易出现贫血以及水肿等症状。

阅读大视野

据说在第二次世界大战期间，日本动物性食品供应不足，每人每年平均供应2千克肉、12.5千克奶和奶制品、2.5千克蛋。因此，当时12岁学生平均身高只有137.8厘米。战后日本经济飞速发展，人民生活水平提高，每日摄入蛋白质含量增多。1970年调查发现，12岁少年平均身高达到147.1厘米，平均增高9.3厘米。由此可以看出，蛋白质食物对少年儿童增高十分重要。